零基础学
阳台种菜

赵晶 ◎编著

海峡出版发行集团 | 福建科学技术出版社
THE STRAITS PUBLISHING & DISTRIBUTING GROUP | FUJIAN SCIENCE & TECHNOLOGY PUBLISHING HOUSE

图书在版编目（CIP）数据

零基础学阳台种菜 / 赵晶编著 . —福州：福建科
学技术出版社，2021.2
ISBN 978-7-5335-6363-9

Ⅰ . ①零… Ⅱ . ①赵… Ⅲ . ①蔬菜园艺 Ⅳ . ① S63

中国版本图书馆 CIP 数据核字（2021）第 018595 号

书　　名	零基础学阳台种菜
编　　著	赵晶
出版发行	福建科学技术出版社
社　　址	福州市东水路 76 号（邮编 350001）
网　　址	www.fjstp.com
经　　销	福建新华发行（集团）有限责任公司
印　　刷	福建新华联合印务集团有限公司
开　　本	700 毫米 ×1000 毫米　1 / 16
印　　张	13.5
图　　文	216 码
版　　次	2021 年 2 月第 1 版
印　　次	2021 年 2 月第 1 次印刷
书　　号	ISBN 978-7-5335-6363-9
定　　价	49.00 元

书中如有印装质量问题，可直接向本社调换

健康蔬菜自己种

蔬菜从收获到端上餐桌，只需要半个小时，这是何等的新鲜！

阳台小菜园，让你距离绿色生活只有一步之遥。采摘最新鲜、最安全的蔬菜，没有农药，没有激素，没有化肥，一切都是最自然、最纯正的味道。这是小时候的味道，是妈妈的味道！

平时看着蔬菜慢慢地长大，就像妈妈看着孩子慢慢地成长一样欣慰！管理小菜园的一幕幕，令人印象深刻，回味无穷。

阳台盆栽蔬菜整齐划一，蔚然一片，颇为壮观。每年的春夏之交，是小菜园最美丽的时候，从任何一个角度看，都美得像一幅画，尤其是清晨时分菜叶颜色青翠欲滴，露珠仿佛还挂在叶子上。青椒是当仁不让的"劳模"，从初夏到秋末一直在结果，果实又多又密；土豆总能带来惊喜，毫不起眼的绿叶下，一串串土豆像土里蹦出来的珍珠；瓜藤和向日葵相映成趣，有时候种植一些花卉来点缀，能让小菜园更加美丽。

用这些蔬菜烹饪出一道道美味佳肴，幸福感瞬间"爆棚"。平凡的生活里，需要种植一点绿色，需要有所收获，让这些"小确幸"照亮生活，点燃激情。

来吧，开启你的快乐之旅！

赵晶

目 录 MULU

16 种采收嫩叶或嫩梢的蔬菜

16 种瓜果、豆类、根茎类蔬菜

3

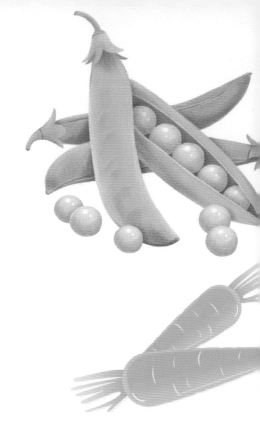

10 种特色健康蔬菜和芽苗菜

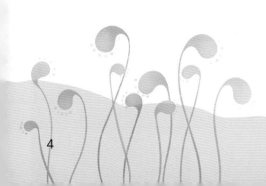

搭建适合你的
阳台菜园

提起小菜园，你是不是觉得遥不可及呢？

其实，小菜园既不需要多大的地方，几平方米即可，

也不需要耗费过多的人力、物力来搭建。

只要是有日照的阳台（除了北向阳台），

就能够通过自己的规划，

打造一个家庭小菜园。

一、阳台的规划

在准备容器、土壤和种子（种苗）前，先审视阳台，看看它具备哪些要素和哪些功能。

阳台规划须注意如下事项。

①必须是独立的空间，不会占用公共空间，也不会对左邻右舍造成影响。

②合理控制种植面积，保留阳台必备的晾晒和休闲功能。

③确认有水龙头（水源）与排水孔，以及地板能够防水。排水孔要保持畅通，及时清理泥沙。

④阳台外侧要有防护网。防护网可以保障摆放在阳台围栏上的蔬菜不会坠下楼。

⑤如果有伸出阳台的架子，要检查架子是否牢固，承重能否满足种菜的需求。

· 独立的阳台空间

二、解决阳台种菜的障碍

· 向阳台外拓展空间种菜

1. 面积太小

阳台用于种植的面积当然是尽可能大一些，但有些阳台本身面积就很小，除去其他功能空间，可供种菜的地方就更少了。这时候可以通过立体种植和向外拓展空间两种方法来改善。

蔬菜不一定只能摆放在地上，立体种植就是通过悬挂和分层摆放来扩大种植面积。悬挂时要考虑栏杆的承重，以小型、较浅的种植容器为佳。分层摆放需要做蔬菜架，订购或自制都可以，上层放小型种菜容器，下层放较大型种菜容器。

拓展空间就是做一些伸出阳台的架子来摆放蔬菜容器。架子最好做在南面或东面，牢固结实，外层设有保护挡板，保证容器不会掉落。

· 利用层架拓展空间种菜

2. 光照差

大多数蔬菜是喜阳的，所以菜园要建在有阳光的地方。最喜阳的是那些瓜果类蔬菜，如辣椒、南瓜、西红柿、茄子之类，因为它们的果实每天至少需要8个小时的日照才能成熟。其次是那些根茎类蔬菜，如土豆、胡萝卜、萝卜、红薯之类。它们至少需要半天的日照才能长得好。这是因为它们需要日照来制造糖分和淀粉，并储藏在根部。叶类蔬菜对日照要求不那么高，其中生菜、茼蒿等是比较喜阴的。

· 喜光照的西红柿

对于光照不良的阳台，尽量种植半耐阴和喜阴的蔬菜。此外，可以通过增设架子，将蔬菜放高，或者根据光照变化不断改变蔬菜的摆放位置来获取更多阳光。

3. 通风不良

通风对于蔬菜来说相当重要：一是可以避免土壤和空气湿度过大，蔬菜不容易有病虫害；二是会使一些通过风来授粉的蔬菜更好地结果。

如果是半封闭或封闭阳台，一定要经常开窗通风透气。将容器底部架空，也能有效地增加土壤的透气性。

如阳台通风不良，可种植一些萝卜、辣椒、青蒜、韭菜、薄荷、土豆等不易有病虫害的蔬菜。对果实类蔬菜，要进行人工授粉。

· 不易发生病害的土豆

· 土豆花

· 保温

4. 过冷过热

大多数蔬菜适宜的生长温度为10~30℃，过冷或过热都不利于蔬菜的生长，但可以通过人工调节来保温和降温。冬季覆盖透明薄膜能有效保温，有些蔬菜可以移入室内摆放。夏季正午用黑色遮阳网遮阴，或者将蔬菜搬到阴凉处，能防止灼伤和热病。蔬菜根部尤其是种在深色容器中的蔬菜不要暴露在烈日下，同时早晚要喷洒凉水来降温。

三、4种阳台菜园方案

1. 单身上班族的简易菜园

（1）要求

● 工作繁忙，照顾菜园的时间有限，想种植一些不是太麻烦的蔬菜。

● 每天花在种菜上的时间最好控制在 20 分钟以内。

·油麦菜

·生菜

·木耳菜

● 想种收获期比较长的蔬菜，有时候忘记买菜了可以临时救急。

● 对初学者来说比较容易种的蔬菜种类。

● 能够绿化住宅环境、有美化环境作用的蔬菜种类。

（2）种植品种建议

■ 工作繁忙的上班族首选绿叶菜，如小白菜、油麦菜、生菜、茼蒿、苋菜等速生绿叶菜。这些菜播种后1个月就可以陆续采收，而且一年可以种植两季甚至多季。空心菜、木耳菜、韭菜这类蔬菜可以收获很长时间，从春到秋都能收获。

■ 绿豆芽、花生芽各类芽苗菜在温度适宜时，随时可以种植，10天左右就可以收获。它们富含维生素和矿物质，对于经常对着电脑、缺少运动的上班族来说，再合适不过了。

■ 番茄、辣椒、黄瓜、四季豆这类蔬菜可根据需要少量种植。如果阳台光照不足，就不要考虑这类蔬菜。

■ 胡萝卜、萝卜、小葱、甘薯叶等不占地方、管理简单的蔬菜适当种植一些。

■ 每季种植品种不超过 10 个。

（3）种植管理建议

▶ 朝九晚五族：可以每天在固定的时间管理小菜园。常规工作就是浇水、采摘、授粉、除草，几分钟就能完成。施肥、移栽、搭架等工作可安排在周末进行。

▶ 轮班族：安排一个相对固定的周期来管理小菜园，比如每 3 天管理 1 次，最好列出管理清单，以免遗漏。

▶ 出差族：如经常短期出差，则种植一些耐旱的蔬菜，如土豆、萝卜、胡萝卜、甘薯等。若长时间离家，则一定要把菜园托付给信任的亲戚、朋友管理。

· 小菜园收获多多

2. 一家人的全能菜园

（1）要求

● 一家有三四口人，希望小菜园能满足全家的基本需求。

● 有较多的闲暇时间来管理阳台菜园。

● 希望种植更多的蔬菜品种，让餐桌更加丰富，同时也能节省开支。

● 愿意挑战一些新、特品种的蔬菜，不仅富有乐趣，还能增加成就感。

（2）种植品种建议

■ 综合考虑全家人的喜好，将果实类、叶类、根茎类等蔬菜进行合理搭配种植。叶类蔬菜的种植面积不少于总面积的 1/3。

■ 小葱、青蒜等调味类蔬菜必不可少。

■ 可以尝试种植特色蔬菜，如樱桃番茄、各类观赏椒、香草。

■ 如果阳台光照不足，则尽量将光线最好的位置留给果实类蔬菜。

· 紫苏

· 小番茄

（3）种植管理建议

▶掌握必要的轮作规律和每种蔬菜的种植期，合理规划好每个季节种植的品种，尽可能不让土壤闲置。

▶管理上要更细致，每天至少花半小时将所有蔬菜观察一遍，并根据需要完成浇水、施肥、采摘、除草、培土等工作。

▶搭架、移栽等工作量比较大的活，可以邀请家人一起完成。

3. 老人的休闲菜园

（1）要求

● 种菜不是一项任务，而是一种休闲活动，所以不能太累，时间也不能太长。

● 种植一些新鲜蔬菜，不但丰富自己的餐桌，还能跟子女分享。

● 一些具有保健功能但市面上很少卖的蔬菜，可以随采随用。

· 鱼腥草

· 樱桃萝卜

· 老人的休闲菜园

● 让退休后的生活有个精神寄托。

（2）种植品种建议

■ 不必注重投入产出，也不用考虑多方面的因素。在选择品种方面，随意一些即可，只要自己种得开心就好。

■ 从营养角度来说，胡萝卜、菠菜、青椒、苦瓜、番茄等都适合种植；从安全角度来说，瓜类蔬菜尽量选择短蔓或不爬藤的品种，避免爬上爬下而摔倒；从方便省事来说，种些萝卜、洋葱等容易管理的蔬菜也不错。

■ 荠菜、马齿苋等野菜可以丰富蔬菜品种。紫苏具有低糖、高纤维、高胡萝卜素、高矿物质元素的特点。薄荷能治疗感冒以及咽痛，其清香还能够缓解紧张情绪，改善睡眠质量。可以根据需要选择这些蔬菜种植。

（3）种植管理建议

▶ 不用安排固定管理时间，有空就可以来阳台菜园转转。劳动时间不要过长，中途要经常休息并及时补充水分。

▶ 同一劳动姿势不宜保持太久，比如弯腰、下蹲等姿势。突然从下蹲或坐姿起立时，动作要缓慢，以免产生眩晕。避免一切爬高活动。

▶ 如果记忆力减退，可借助纸、笔记录管理的步骤和要点。

4. 亲子益智菜园

（1）要求

● 为孩子种植一些健康的蔬菜，让他们快乐成长。

● 让孩子亲近大自然，锻炼动手能力。

● 培养孩子乐观向上的生活态度，增进亲子之间的感情。

· 小菜园采摘乐淘淘

（2）种植品种建议

■ 充分满足孩子的喜好，孩子喜欢吃的蔬菜就多种植一些。

■ 发芽很快的品种，尤其是芽苗菜适合在孩子刚刚接触阳台菜园时种植。

■ 植株较大、变化较快的品种，如黄瓜等，从刚发芽的嫩芽到长成两米高的"绿墙"，然后一路开花结果，适合学龄孩子种植，培养他们爱观察的习惯。

■ 空心菜、番茄、辣椒等经常可以采摘的品种，最容易让孩子产生兴趣，而且可以培养他们的动手能力。

（3）种植管理建议

▶ 孩子相对于成年人，自控能力要弱很多，因此菜园中要特别注意安全和卫生问题：蔬菜种植盆不要放得太高或太靠边，以免坠落砸到孩子；泥水要随时拖干，以免孩子滑倒；幼嫩菜苗最好放高一点，不要让孩子抓到；水或土壤、肥料要放在得当的位置，避免被孩子弄得到处都是。

▶ 鼓励学龄儿童以日记的形式记录下菜园的劳动事项和蔬菜的生长状况，这是非常难得的成长体验。

▶ 根据年龄为孩子分配合适的菜园任务：3 岁以内以看和摸为主；3~6 岁可承担比较简单的采摘、浇水任务；6~12 岁除了挖土、搭架等体力活外，其他的劳动都可以安排一部分给他们完成；12 岁以上基本可以与成人一样管理小菜园。

▶ 孩子在管理阳台菜园的时候，如果家长没有全程陪同，那么在他做完后，家长要进行查缺补漏。

打造阳台菜园的成功法则

一、准备高效率的工具

1. 必备工具

浇水工具：喷水壶 2~3 个，大口壶用于给普通蔬菜浇水，小口壶用于给幼苗洒水。

施肥工具：长柄勺子 1 个，施肥时不会把衣袖弄脏。

松土、培土、除草工具：锄头、铲子、耙子各 1 把。

搭架工具：长度在 60 厘米和 1.5 米的棍子若干，材质可以是木头、竹子、金

· 各种小工具

属等。20~30 厘米长的绳子若干，推荐布绳，捆绑时不易打滑。

授粉工具：细毛笔 1 支或棉花棒若干。

修剪工具：锋利、无锈的剪刀 1 把。

标示工具：塑料小标签若干，记号笔 1 支，可以写上品种后插入土中。标签纸若干，可以写字后贴在需要的地方。

透明塑封袋：存放没种完的种子或新收获的种子。

2. 依个人需求准备的工具

帽子、围裙、袖套和防滑防水鞋：帽子可以防晒。围裙、袖套可以保护衣服不被弄脏，或者专门准备一套工作服用于菜园劳动。防滑防水鞋能防止摔倒，站久了也不会特别累。

便利贴：贴在显眼处，用于提醒自己下次要进行的一些事项，非常好用。

筛土网：土壤颗粒比较大时，可筛选出一些细土，用于播种和育苗。

黑色遮阳网：黑色的网状遮阳工具，可重复使用。也可用报纸、遮光布等替代。

覆盖薄膜：农资商店和网店上都有各种尺寸的薄膜，用于保温。

个性装饰工具：根据个人喜好进行一些装饰，让小菜园更加温馨。

二、选择合适的种植容器

阳台菜园多使用各种容器来种植，不仅方便管理，而且成批种植整齐划一，能成为一道靓丽的风景。

· 各式各样的容器

1. 形状和大小

容器的常规形状有长条形和圆形两种。推荐使用长条形的容器，便于摆放，也更节省空间。如果家里有很多空置的圆形花盆，也可以拿来种菜。

种植数量比较多的蔬菜如叶类菜，适合使用长条形盆；瓜果类蔬菜适合使用大号圆盆种植。

· 长条盆节省空间

2. 材质及优缺点

（1）紫砂盆

优点：造型美观、经久耐用、透气性好，有利于植物根系的生长发育。

缺点：价格较高，比较重，不易搬动，容易破裂。

· 紫砂盆

· 塑料盆

（2）塑料盆

优点：材质轻、色彩鲜艳、规格齐全、价格低廉。

缺点：透气性差，需要使用较为疏松的土壤。易老化破碎，阳光暴晒后会加速老化。

（3）瓷盆

优点：外形美观大方，造型多样，很适合陈列之用。

缺点：表面涂釉，其透水性、透气性都较差，且容易被碰坏。

· 瓷盆

（4）泡沫箱（盒）

优点：价格低廉、使用方便、规格齐全。

缺点：容易破碎，透气性较差。

小贴士：常温下的泡沫箱没有毒性。泡沫箱的主要原料是聚苯乙烯，只有在高温或焚烧时才会有毒。所以在处理废弃的泡沫箱时一定要慎重，不要自行焚烧。

· 泡沫箱

（5）木制容器

优点：排水性好、古朴典雅。

缺点：使用后易显陈旧。

小贴士：要使用未经复合加工的木制容器。复合木制材料中加入了化学物质，不建议用来种菜。

· 木制容器

（6）营养钵

优点：价格低廉、规格齐全。

缺点：材质软，易破，不能重复使用，不美观。营养钵多作为育苗容器和过渡容器。

· 营养钵

3. 创意种植容器

生活中，只要是觉得好看并且大小合适的容器，都可以用来种菜。只要它们足够结实、不漏土。

装鸡蛋、水果的竹筐和竹篮：美观大方，可以直接用来种菜。如果空隙较大，可以铺上一层塑料袋，再装土种植。

酒箱、酒盒：底部钻几个排水孔就可以使用。

尤纺布袋：结实耐用，装上土就能种植。

·竹篮

·垫盆

4. 种植盆的必要改造

钻孔：除水培容器外，无论选用何种容器栽种蔬菜，都必须保证底部有排水孔，并保证排水通畅。底部无孔的容器，则需要手动在最低洼处钻几个直径在 0.5~1 厘米的小孔。

垫盆：大多数容器的排水孔都比较大，为避免浇水时泥土流失，在正式种植前需要进行垫盆，即用碎的花盆片、瓦片、粗沙砾、小石子或纱网覆盖住排水孔，要求既挡住土壤，又能顺畅排水。生活中的一些厨余（不含盐质）也可以用来垫盆，比如花生壳、板栗壳等。

三、玩转种植的 12 个要点

1. 土壤

（1）培养土的选择

为了满足蔬菜，特别是盆栽蔬菜生长发育的需要，人们根据各类蔬菜品种对土壤的不同要求，专门配制的含有丰富养料的土壤叫作培养土。

好的土壤：具有良好的排水和透气性能，保湿保肥，干燥时不龟裂，潮湿时不黏结，浇水后不易板结。

差的土壤：黏性过强，一握住就成球状，排水性和透气性不佳；过于松散，握住也无法成球状，排水过度且保肥性较差。

·好的土壤　　　　　　　　　　　　　　·差的土壤

（2）培养土的来源

培养土由腐叶土、厩肥土、园土、塘泥、砻糠灰、黄沙等依照一定比例配制而成。其主要成分是腐叶土、厩肥土、园土、塘泥等。

腐叶土：由落叶、枯草、菜皮等堆积发酵腐熟而成。这种土含有丰富的腐殖质，有优良的物理性能，有利于保肥及排水，土质疏松、偏酸性。在树林茂密的地方，林下厚厚的一层黑土就是天然腐叶土。将其挖回家就可以用来种菜了。

厩肥土：指牛粪、马粪、猪粪、羊粪、禽粪埋入园土中经过堆积发酵腐熟而成，腐熟后也要晒干和过筛才能使用，含有丰富的养分及腐殖质。这种土一般来源于养殖场或农场附近，也可以自己堆制。

园土：指园内或大田的表土，也就是栽培作物的熟土。收集回来经过暴晒就可以直接使用。

·园土

塘泥：把池塘泥挖出来晒干后收贮备用，用时将泥块打碎即可。它的优点是肥分多，排水性能好，呈中性或微碱性。在南方应用较多。

砻糠灰：主要是稻谷壳、稻草或树叶树枝等烧成的灰，也称草木灰，起疏松土壤的作用，利于排水，含钾肥。

黄沙：有利于排水通气。用前需以清水冲洗，除去盐质后使用。

（3）自制混合土壤

播种用土：30% 腐叶土 + 60% 园土 + 5% 厩肥土 + 5% 沙。

定植用土：30% 腐叶土 + 40% 园土 + 15% 砻糠灰 + 15% 厩肥土。

以上配方并非一成不变，可根据土壤的实际情况调整比例。

在种植过程中如果发现土壤板结，说明土壤中的肥力正在急剧减少，不利于蔬菜的生长。因此需在

· 自制混合土壤

下一季种植前，将土块打散碾碎，加入一些腐熟的厩肥、草木灰以及腐叶土，拌匀后再使用，这样可以提高土壤肥力，避免板结。

大多数蔬菜对土壤酸碱性要求不高，无需特意调节，有些地区土壤天然酸碱过度，则需要人工调节。对碱性重的土壤，可以加硫黄粉或硫酸亚铁、硫酸铝来调节，通常硫黄粉的施用量为土壤总量的 0.1%~0.2%；对酸性重的土壤，可以加微量石灰粉来调节。

（4）土壤的消毒和再利用

培养土配制好后，最好先消毒，目的是杀灭土壤中的病原微生物、害虫和杂草种子。

暴晒消毒：将培养土薄薄平摊，暴晒 3~5 天。

火烧消毒：少量土壤，可放入铁锅或铁板上用火烧灼，待土粒变干后再烧 10 分钟，或在微波炉中大火烘烤 10 分钟。

· 土壤消毒

小贴士：种植过一季的土壤需要从种植容器中倒出，打散后拣出植物残根和杂质，并加入一些肥料进行重新配制，然后再种植其他类型的蔬菜。尽量避免连续种植同一类蔬菜。如果本季遭受了病虫害，则该批土壤一定要经过彻底消毒才能再次使用。

小知识：轮作

轮流耕作简称轮作，指的是在同一土壤中，有顺序地在季节间或年间轮换种植不同种类的蔬菜。合理的轮作有利于防治病、虫、草害，可均衡地利用土壤养分并调节土壤肥力。

蔬菜可分为叶类、茄果类、瓜类、豆类和根茎类，同一种类的蔬菜必须间隔一定年限才能在同一土壤中种植。间隔时间一般在 2~4 年，叶类菜轮作的间隔时间为 2 年，其他类菜在 3 年以上。当然，有条件的话，轮作的间隔时间越长越好。

2. 挑选肥料

肥料分为无机肥和有机肥。无机肥就是通常所说的化肥。有机肥是由天然有机质经微生物分解或发酵而生成的一类肥料，俗称农家肥。

·有机肥

·无机肥

在阳台菜园，我们不提倡用化肥种菜。使用化肥虽然蔬菜长得快，但是品质和口味却要差很多。而且长期使用化肥会有残留，使土壤变得贫瘠、板结。

（1）常见的有机肥

大自然为我们提供了丰富的有机肥料，如：畜粪、禽粪、鱼内脏、骨渣、豆渣、落叶、干草、锯木屑、棉籽、糠秕、果壳、庄稼残梗、海藻、各种绿肥、碱性熔渣、泥炭灰，以及各种天然矿石粉。

（2）肥料的来源

自制：方法简单实用，还能减少生活垃圾，绿色又环保。综合厨余肥的做法是将厨房内的废菜叶、瓜果皮、动物内脏、蛋壳、豆渣等放入能够密封的玻璃瓶或塑料瓶中，加入尿或淘米水、洗菜水，盖严，经1~3个月发酵熟腐成黑色后即可取其上部清液加水稀释，用作追肥。

购买：农资商店及网店上有各种有机肥料出售，包括饼肥、鸡粪、鸽子粪、蚯蚓粪、骨粉等。这些肥料多经过干燥消毒处理，基本没有异味，非常适合家庭使用。

（3）施肥的基本方法

基肥：主要是各种粪肥和饼肥。基肥一般埋入土壤深部，等菜苗长大之后，根系就可以直接吸收养分。

追肥：除了基肥，在蔬菜的整个生长过程中，往往还需要再施两三次追肥。追肥就用自制的厨余肥、草木灰、骨粉等。

· 埋入干燥鸽子粪作为基肥

3. 选购种子

蔬菜有很多种，叶类菜、果实类菜和根类菜，都可以种植一些。具体可根据自己喜欢吃的蔬菜，再结合小菜园实际情况、种植季节和蔬菜自身的特点来选择。

最开始种菜，可以先从比较简单的几种蔬菜种起，例如小白菜、苋菜、青蒜、小葱等，以后再慢慢增加品种。种子一开始不要购买太多，够种植一季或一年即可。

农资商店或者网店可以买到所需要的种子。应选择正规种子厂家生产的种子，注意阅读包装背面的种植说明。

· 正规厂家生产的袋装种子

①播种时间。每个蔬菜品种都有最适合发芽、生长的季节，包装上一般是一个大致的时间段，需要根据当地气候确认好具体播种时间。

②发芽率。发芽率是指在一定条件下发芽量和播种量的比例。发芽率越高，说明这种蔬菜越容易栽种。

③生产日期和保质期。生产日期越新鲜的越好。

④不建议留种提示。有的种子如果在包装上标有"本品种不宜重复留种栽培"字样，则说明该品种无法持续保持品种特性，极易变种。这样的品种最好不要自留种子。

小贴士：包衣种子，就是种子外面包裹了一层色彩鲜艳的物质。该物质具有抵御病虫害和促进发芽的功能。

4. 种子的浸种催芽

大部分种子直接埋进土里或者撒在土里就可以发芽，但有些蔬菜种子就需要特别处理才能发芽。种子在播种前进行浸泡并放在一定温度条件下促使种子发芽，这就是催芽。简单来说，催芽就是为种子提供最佳的环境，让它们尽快地萌发。

浸种催芽的过程如下：准备一个容器，放入种子，再倒入30℃左右的清水并轻轻搅动；当所有种子

· 种子催芽

都吸足了水分沉在容器底部时，将水倒掉（不同的种子充分吸水的时间长短不一，一般为 4~8 小时）；将种子包在湿润但不滴水的布或纸里，放在温暖或者凉爽的地方；注意每天查看、喷水，保持湿润但不要让种子积水；3~10 天后，当大部分种子已经露白或发芽时，即可播种。

注意：露出的白芽不要超过 0.5 厘米，因为太长的芽播种时容易受伤折断。催芽时，温暖的地方最好是恒温的，并且不要超过 40℃；凉爽的地方则主要是指冰箱的冷藏室。

5. 播种的方法

播种有撒播、条播和点播 3 种方法。播种后覆土的厚度，原则上是大种子覆土要厚一些，小种子覆土要浅一些，覆土厚度一般为种子宽度的 2~3 倍。天气暖和时，种子要埋得深一些；天气寒冷时，种子要埋得浅一些。小粒叶类菜种子播种后可不盖土；瓜类种子和豆类种子需埋入土中 1 厘米左右，茄果类种子只要埋入土中 0.5 厘米就可以了。

· 大种子和小种子

播种时，浇水可以放在最后一步，也可以放在最前面，即在播种前为土壤浇足底水。这两种浇水方式效果是差不多的，可以根据自己的习惯自由选择。

（1）撒播

撒播是最常用的一种播种方法。注意要撒均匀，不要撒得过密，以免浪费种子和增加后期间苗的工作量。小粒种子可以混合 3 倍细沙后再撒播。

适合撒播的蔬菜：小白菜、油麦菜、塌菜、生菜、苋菜等密集种植的速生菜。方法是先将土壤浇透

· 撒播

水，以免播种后水流将种子冲散；将种子与 3 倍细沙混合均匀；用手掌将蔬菜种子直接往土里撒，注意尽量均匀不重复；不需要盖土，用手把土压实，种子会自行钻到土壤缝隙中去。

（2）条播

为了确保出苗率和加强水肥管理，有些蔬菜种子可以采用条播。注意每条行距保持一致，不要交叉，也不宜撒得过密。

适合条播的蔬菜：香菜、空心菜、茼蒿、芹菜、大蒜、小葱、韭菜等。方法是用棍子在土面上划出浅浅的播种沟，深约 1 厘米；将种子均匀地撒在浅沟里，一般 3 厘米距离撒 2~5 粒种子较好；撒

· 条播

上薄土覆盖种子，然后将土压实，覆土的厚度为 0.5 厘米左右；播后用喷水壶轻轻洒水。

（3）点播

对于播种量不大、苗期比较长的蔬菜，可以采用点播法。

适合点播的蔬菜：豆类、花生、胡萝卜、白萝卜、花菜、大白菜、瓜类。方法是用铲子或者小锄头在土里挖出浅浅的播种穴，每穴撒上 1~3 粒种子，注意要让种子互相隔开；播后撒上 1~2 厘米厚的细土覆盖种子，然后将土耙平；最后用喷水壶轻轻洒水。

· 点播

6. 适当间苗

无论是采用哪种方法播种的幼苗，都需要有一个去弱留强的过程，这一过

程叫作间苗。随着幼苗逐渐长大，所需要的空间和养分也更多，因此需要拔掉一些幼苗，为其他幼苗留下足够的阳光、水分、肥料和生长空间。

间苗次数：采取撒播的蔬菜一般根据需要间苗 2~4 次，条播的蔬菜间苗 1~2 次，点播的蔬菜间苗 1 次。

间苗方式：一种是单纯的间苗，即去掉过密的、瘦弱的、不健康的苗，让健壮的苗更好地生长。这种间下来的苗一般没什么用处，如果苗比较大、数量比较多的话，可以洗净做菜。另一种是间拔采收，即将间苗与采收相结合，将生长比较快的、大而壮的苗采收食用，让小苗继续生长。间拔采收一般在苗长得比较大，接近收获期的时候进行。

·间苗

·间拔采收

7. 选苗和定植

（1）选健康强壮的苗

对于育苗期比较长的蔬菜，我们可以直接从园艺商或者农户手里购买种苗回家栽种。从幼苗开始种植更容易成活，前提是选择健康强壮的菜苗。

好的菜苗是这样的：根系发达、稳固，不会左右摇晃，摇晃代表根没有扎稳或者已经腐坏；叶片肥厚、叶色深绿，说明营养好、健康；节间较短，这样苗会较早开花结果；

·好的菜苗和不好的菜苗

无病虫害，没有枯叶、黄叶、蜷缩叶，没有蚜虫等常见虫害。

不好的菜苗是这样的：茎部摇晃虚弱、叶子发黄或枯萎、瘦弱、节间长。

（2）正确的定植

①在定植土壤里按一定距离挖好定植穴。定植穴大小根据蔬菜根的发达情况来定，但要保证所留空间能让蔬菜根自然伸展开。

②洒点水，使育苗盆里的土湿润。

③用筷子或螺丝刀把菜苗根部周围的土壤松一松，然后一手捏住菜苗的茎，另一手用小铲子将幼苗连根铲起。

④将菜苗放进定植穴中央，一手将菜苗轻轻提起，不要让根挤作一团，而要自然地伸展开，另一只手加土至盖住菜苗的根上2厘米左右，并将土压实。

⑤给刚定植的菜苗浇透水。如果是定植到容器中，则要放到荫蔽处缓苗3~5天；如果是定植到大田中，则必须注意天气预报，选择在连续几天阴雨天气之前定植。若定植后碰上连续晴天，则要适当遮阴，并保证每天浇水。

⑥当叶子变得硬挺，且有生长迹象时，就可以让菜苗晒太阳并进行追肥了。

· 起苗

· 定植好的菜苗

8. 必要的摘剪

除速生的绿叶菜外，其他蔬菜长大之后，会长出很多分枝和藤蔓。这时，需要人工去除一些过长、过密、发黄和多余的枝叶花果等，让营养集中供应，同时也能增加通风，减少病虫害，让蔬菜更加健康、强壮。

（1）摘心

摘心又称打顶，指去除枝干顶端的作业。摘心可用手掐断藤蔓或用洁净的剪刀剪断。

目的：控制植株高度，并促进侧面枝条的发育。

秘诀：大多数爬藤瓜类蔬菜和豆类在 1.5~2 米高时摘心；香瓜要摘心 2 次，一次是在 10 片叶时，一次是在子蔓 30 厘米长时；瓠子和葫芦在七八片叶时摘心；茄果类幼苗长到四五片叶时摘心 1 次，分支后保留 2~3 根强壮的主枝，主枝 50~60 厘米长时再次摘心。

· 摘心

· 抹芽

（2）抹芽

抹芽又称摘芽，指去除叶腋处多余的小芽。抹芽时动作要轻柔，不要伤及枝干，一般用手完成。

目的：节约养分，使营养集中供应给主枝上的花果。

秘诀：抹芽主要适用于茄果类蔬菜。这类蔬菜的叶腋间会长出许多小芽，在小芽还没长大时就应及时抹掉多余的芽。

（3）疏叶、疏果

去除过多、过密、病弱的叶片和果实，一般用锋利、洁净的剪刀来完成。注意不要碰伤其他需要保留的部分。

目的：保证养分集中供应给健康的果实，增加植株间的通风和采光，预防病虫害。

秘诀：瓜类和茄果类蔬菜都要及时疏叶，老叶、黄叶可以多剪掉一些，向内生长的、互相遮挡的叶片要选择性地剪除；茄果类蔬菜果实太多，则需要摘除部分发育不良和多余的果实。

（4）剪枝

剪枝是对一些长势强健、结果期较长的蔬菜，例如茄子和辣椒，在第一茬果实已采摘完的间歇进行一次大剪。剪枝要求剪口光滑，以防招致病虫害。

目的：促进萌发新枝条，重新开花结果，增加产量。

秘诀：将几个主枝保留20~30厘米长，以上的部分和小侧枝全部剪掉。注意不可以用手折枝，以免造成植株损伤。剪枝过后要施以充足的肥水，1个月后即可重新大量开花结果。

· 疏叶

· 剪枝

9. 土壤的照顾

（1）培土

培土就是在蔬菜根部堆积一些土。

目的1：覆盖幼苗裸露的根部。

秘诀：一些蔬菜播种时种子埋得较浅，发芽后会发生根部裸露的现象，此时需要用细土覆盖根部，让幼苗更加稳固。

目的2：起到稳固植株的作用。

秘诀：蔬菜长大后，上部越来越重，为了避免"头重脚轻"，可以在根部堆高土壤，并按压结实。

· 培土

目的 3：加厚土层，利于根部发育。

秘诀：根茎类蔬菜在生长过程中，随着根茎的膨大，需要多次培土，以免根茎裸露。每次培土要比之前土面高 2~3 厘米，并将土聚拢在根部周围。

（2）松土

松土就是将板结的土壤重新用耙子耙散，以利于根系透气和水肥吸收。松土要在蔬菜根部周围进行，但注意不要损伤根部。

（3）除草

结合松土，可以将生长的杂草一并挖起或拔掉。

·松土　　　　　　　　　　　　　　　　　·除草

10. 支架和引导

（1）支架的类型

支柱：单根粗壮结实的支柱，可为蔬菜的主枝提供支撑，使其不倒伏。支柱要插入盆土至少 15 厘米，并保持稳固。适合使用支柱的蔬菜有番茄、辣椒、茄子。

"人"字架：将 3 根或 4 根棍子等间距插入土中，然后在合适的高度交叉捆绑，形成稳固的支架。适合使用"人"字架的蔬菜有四季豆、豇豆、扁豆。

圆筒架：将 3 根支架呈等边三角形插入盆中，上部用铁丝网或布条围绕支架做

·支柱

· "人"字架

· 圆筒架

成2~3个圆圈，让藤蔓围绕攀缘。适合使用圆筒架的蔬菜有黄瓜、小南瓜、凉薯、山药。

（2）引导的方法

支柱：用软布条将蔬菜的主枝和支柱捆在一起，但不要捆得太紧，至少要留出2根手指的空隙。捆绑的地方一般在主枝中部往上的部位。

"人"字架：用软布条先在支柱上紧紧缠绕两圈，再绑在蔬菜的主茎上，可以防止打滑。注意不要让支柱压迫枝干或果实。

圆筒架：将藤蔓往支架的外侧引导，并使其呈螺旋盘升的形状生长。必要时可用布条固定。

11. 人工授粉

家庭种植蔬菜，由于缺乏蜜蜂、蝴蝶等虫媒以及良好的通风，果实类的蔬菜需要进行人工授粉，以提高结果率，避免产生畸形果。

授粉的方式有两种，一般根据花朵的种类来确定。

第一种是雌雄同花类，如茄果类蔬菜的番茄、辣椒、茄子等。这类蔬菜的花是两性花，一朵花上既有雌蕊又有雄蕊，属自花授粉植物。

这类蔬菜授粉相对简单，方法是用棉花棒或细毛笔，在花蕊里轻蘸几次，让花粉落到柱头上。

第二种是瓜类，如丝瓜、南瓜、冬瓜、葫芦、瓠子、西葫芦、苦瓜、黄瓜等都是单性花，即在同一植株上分别长着雄花和雌花。

·摘下雄花

雌雄异花的蔬菜，授粉前先要正确辨认雌花和雄花，雌花花蒂下面膨胀出来，有一个小瓜，雄花花蒂下面则没有小瓜。授粉应于上午进行，尤以晴天的早晨为佳。选择初开的雄花和雌花比较容易授粉成功。

授粉时先将雄花摘下，除去花瓣，再将雄花的花药在雌花的柱头上轻轻涂抹，使花粉粘在柱头上。为了增加成功的机会，可以用几朵雄花为一朵雌花授粉。授粉几天后雌花凋谢，如果花蒂的小瓜开始膨胀，则说明授粉成功。

·除去雄花花瓣

需要注意的是，无论是采用哪种授粉方法，都要求轻柔操作，以防花蕊受伤。

12. 病虫害对策

（1）发现病害时

病害种类：白粉病、叶斑病、煤污病、腐烂病、黑褐病等。

·授粉

病害征兆：叶面或果实出现干枯、发黄、卷曲、白霜或腐烂。

解决步骤：

①染病严重的叶片或植株，直接摘除并丢弃，以免互相传染。

②加强通风，并将花盆盆底垫高。

③自制有机药液。如用 150~200 倍的米醋溶液喷洒于叶面，每隔 7 天左右喷 1 次，连喷 3~4 次，可防治白粉病、黑斑病、霜霉病等。取生姜捣成泥状，加水 20 倍浸泡 12 小时，用滤液喷洒叶片，可防治叶斑病、煤污病、腐烂病、黑褐病等。

· 发生病害的蔬菜

（2）发现虫害时

虫害种类：菜青虫、菜螟、地老虎、蜗牛、蚜虫等。

虫害征兆：枝叶上或土里有虫子，叶片有被啃噬的痕迹，叶片无故卷曲。

· 发生虫害的蔬菜

解决步骤：

①虫子数量较少时，采取人工捕捉的方法，用剪刀、镊子等工具捕杀。

②虫子较多或布满虫卵时，需要将整枝或整株带出菜园丢弃。

③自制药液喷洒。新鲜黄瓜茎叶加少许水捣烂滤渣，用汁液加 3 倍水喷洒，可防治菜青虫和菜螟；取新鲜红辣椒捣烂加水煮 1 小时后，取其滤液喷洒，可防治菜青虫、蚜虫、红蜘蛛、菜螟。

小贴士：在使用药液驱虫时，要把盆栽蔬菜放在室外，以免虫子四处飞舞。

※ 提高效率的 N 个小帮手

容器适用表

蔬菜种类	容器规格		高度
	口径		
叶类菜含调味类	不限，尽量使用大口径容器		10 厘米以上
果实类菜	直径 20 厘米的圆盆只种植 1 棵，长条盆依据大小种植 2~3 棵		20 厘米以上
根茎类菜	不限，直径在 20 厘米的圆盆或中号长条盆最为适宜		30 厘米以上

蔬菜轮作记录表

容器	20XX 年		……
	春季	秋季	
容器 1	番茄（茄果类）	青蒜（茎叶类）	……
容器 2			……
容器 3			……
……			……
容器 N			……

小菜园管理清单

管理项目	管理频次	管理内容
日常类	1~2 天 / 次	浇水
常规类	每 1~2 周 1 次	追肥、除草、松土
非常规类	特定时间实施一次	立支架
	根据情况随时进行	间苗、摘剪、授粉、培土、采摘

16 种
采收嫩叶或嫩梢
的蔬菜

木耳菜

木耳菜又名落葵、藤菜、胭脂菜，是原产于中国的一种古老蔬菜。因其叶片肥厚、黏滑，好似木耳而得名。木耳菜营养丰富，富含钙、铁等元素，以及各种维生素，热量低、脂肪少，适合各类人群食用。木耳菜烹调后清香鲜美，口感嫩滑。

栽种行事历

繁殖方式	种植时间	收获时间	间苗次数	采收方式
条播	4~8 月	播种后 30 天陆续采收	2~3 次	间拔采收,摘取嫩叶、嫩梢

栽培要点

温度:喜温耐湿,冬季经霜枯死,生长适宜温度为 20~25℃。

土壤:适应性强,对土壤要求不严格,但以保水保肥、疏松肥沃的沙壤土为好。

水分:叶片多而大,要求有充足的水分供应。怕积水烂根,大雨后应及时排水防涝。

追肥:较喜肥,需每周追肥 1 次。肥料以氮肥为主。

日照:对光照要求不严,若长期缺乏光照,则叶片容易发黄。

种植步骤

1 春播催芽

木耳菜种皮坚硬,发芽困难,春季播种前必须进行浸种催芽处理,待露出白芽后播种。秋播无需催芽。

2 条播

在容器里条播,间距 5 厘米,播种后保持土壤湿润。

3 出苗

在28℃左右的适温下 3~5天出苗，此后每 2~3天浇 1次水。

4 间苗

2~3片真叶时间苗1次。应保持土壤湿润，春季3~5天浇 1次水，夏秋季 2~3天浇 1次水。

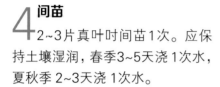

5 间拔采收或移栽

4~5片真叶时再间苗 1次，间下的苗可以食用，也可以移栽到更大的空间继续生长。

6 追肥

每周追施薄肥 1次，以氮肥为主。

7 采收

在苗高15厘米左右时，在基部留3~4片叶，采摘以上部位的嫩梢，15~20天后可再次采收，可收获3~5茬。也可根据需要不定期采摘叶片，持续采收到10月左右。

专家叮嘱 *Tips*

木耳菜可以爬藤生长，以采食叶片为主。采收的叶片应充分展开、肥厚而尚未变老。在引蔓上架后，除主蔓外，再在基部留2条健壮侧蔓，3条蔓长到架顶时摘心。爬藤的木耳菜可以自己留种子，待黑色果实充分成熟后摘下晒干，保存在阴凉干燥处。

种植问答 *Q&A*

Q 木耳菜的"鱼眼病"如何预防？

A 鱼眼病又叫褐斑病，主要危害木耳菜的叶片。鱼眼病以预防为主，种植土壤要避免与藜科的甜菜、菠菜连作，平时注意通风透气，暴雨后及时排水，必要时可摘除部分叶片以利通风透光。一旦发现染病叶片，要及时摘除并带出小菜园。

苋菜

　　苋菜又名野苋菜、赤苋、雁来红。它原本是一种野菜，现在已普遍栽培，有的地区称其为"长寿菜"。苋菜含有丰富的铁、钙和维生素K，具有促进凝血及造血等功能。常食苋菜可减肥轻身，促进排毒。

栽种行事历

繁殖方式	种植时间	收获时间	间苗次数	采收方式
撒播	4~8 月	播种后 45 天陆续采收	2~3 次	间拔采收，摘取嫩叶、嫩梢

栽培要点

温度：耐热性强，不耐寒，种子在 10℃以上开始发芽。较高的温度有利于苋菜的生长，在 23~27℃下生长良好。

土壤：肥沃疏松的沙壤土或黏壤土种植均可。土壤肥沃时产量高、品质好。

水分：耐旱力较强，但在土壤水分充足的条件下叶片柔嫩，品质好。

追肥：每周追肥 1 次，以氮肥为主。

日照：较耐荫蔽，日照时间长则长得快，日照时间短则生长缓慢。

种植步骤

1 撒播

将苋菜种子均匀地撒在土里，盖上薄薄一层细土，并浇透水。

2 出苗

3~5 天苋菜就会出苗。每 1~2 天浇 1 次小水。

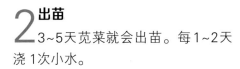

3 间苗

15天后，苋菜会长得密密麻麻，这时候需要间苗1次。

4 浇水与施肥

应控制浇水，只有在高温或干旱时才经常浇水。每周追肥1次。

5 采收

大约30天，苋菜就能长到高10厘米以上，间拔采收或一次性采收均可。

专家叮嘱 *Tips*

苋菜易老熟，采收时间最晚不得超过播种后的 60 天，否则纤维增多，食用口感不佳。对于老熟一些的苋菜，可用高汤加入切小块的皮蛋同煮，口感嫩滑，清香扑鼻。

种植问答 *Q&A*

Q 红苋菜、绿苋菜和彩苋菜有什么区别？

A 最常见为彩苋菜，其叶脉附近为紫红色，叶子边缘为绿色。这种苋菜生长迅速，但易老熟。红苋菜口感最嫩，但较少见。绿苋菜多为地方性品种，植株高大，口感较粗糙。常见的野生凹头苋和刺苋，也是绿苋菜，均可食用。

·红苋菜

·凹头苋

空心菜

　　空心菜又名竹叶菜、藤藤菜、蕹菜等，是常见的叶类菜。空心菜以嫩茎、叶炒食或做汤，含有丰富的维生素 C 和胡萝卜素，有助于增强体质，防病抗病。空心菜有宽叶和细叶两大类型，花有白色和紫色之分。

栽种行事历

繁殖方式	种植时间	收获时间	间苗次数	采收方式
条播、扦插	4~8 月	播种后 60 天陆续采收	2~3 次	间拔采收，掐取嫩梢

栽培要点

温度：喜高温多湿环境，种子萌发温度需 15℃以上，蔓叶生长适温为 25~30℃，夏季能耐 35~40℃的高温。不耐霜冻，遇霜茎叶即枯死。

土壤：喜湿润、保水性强而且肥沃的黏壤土。

水分：喜水，要勤浇水，浇大水，也可水培。

追肥：对氮肥的需求量特别大，苗期需薄肥勤施，每次采收后追肥 1 次。

日照：喜充足光照，对密植的适应性也较强。

种植步骤

1 催芽

将空心菜种子放在清水中浸泡1天，捞出沥干，然后用湿润的纱布包好放在温暖的地方催芽，注意保持纱布湿润。2~3天后，当空心菜种子露出白芽后，就可以准备播种了。

2 条播

用筷子在土面上平行划几条沟，然后将种子摆放在沟内，盖上1~2厘米厚的土，并浇透水。

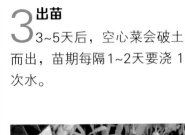

3 **出苗**
3~5天后，空心菜会破土
而出，苗期每隔1~2天要浇 1
次水。

4 **间苗**
10~15天后根据需要
间苗 1 次。

5 **浇水与施肥**
空心菜喜较高的空气湿度及湿
润的土壤，耐肥力强，要经常浇水，
浇大水，并多次追施以氮肥为主的
有机肥。

6 **间拔采收**
勤采收能促进空心菜的生长，
株高 12~15厘米时可间拔采收。

7 采收嫩梢

株高30厘米以上时，就可以正式采收了。采收时尽量从靠近根部掐取或剪下，以利重新萌芽。空心菜可以多次采收，直到霜冻后茎叶枯死。

专家叮嘱 *Tips*

　　空心菜也可以扦插繁殖。截取长 10 厘米的健壮枝条插入土中，保持土壤湿润，7 天后即可生根。可留1~2 株空心菜开花结籽，花朵形似喇叭花，可供观赏。种子成熟后呈黑色，晒干后放于干燥处保存。

种植问答 *Q&A*

　　Q 宽叶和细叶空心菜有什么区别？

　　A 宽叶和细叶只是品种的不同，种植方法是一样的。但宽叶空心菜产量更高，而细叶空心菜口感更嫩。

油麦菜

油麦菜又名莜麦菜，有的地方叫苦菜、牛俐生菜，属菊料，是一种尖叶型的叶用莴苣，有"凤尾"之称。油麦菜的嫩叶、嫩梢口感脆嫩，气味清香，具有独特风味。油麦菜可清炒或做汤，烹饪时间宜短。它含有大量钙、铁、蛋白质、脂肪、维生素 A、维生素 B_1、维生素 B_2 等营养成分，是生食蔬菜中的上品。

栽种行事历

繁殖方式	种植时间	收获时间	间苗次数	采收方式
撒播、条播	2~5月、8~10月	播种后30天左右陆续采收	2~3次	间拔采收、一次性采收

栽培要点

温度：喜冷凉，发芽适温在15℃左右，超过25℃或低于8℃不易发芽。生长适温为11~18℃，25℃以上常引起过早抽薹，28℃以上则生长缓慢，品质差，甚至不能正常生长。

土壤：对土壤要求不高，以沙壤土为佳。

肥料：以氮肥为主，在生长过程中需要追肥2~3次，每次可以随水施肥。

水分：对水分要求较高，缺水会导致纤维增多，降低品质。

日照：幼苗期若遇高温，要适当遮阴，营养生长期光照充足有利于生长。在弱光下叶形变小而细长，产量较低。

种植步骤

1 播种
用一个敞口的容器装入混合了底肥的土壤至容器的4/5，将油麦菜种子均匀地撒在土面上。播种后用手将土稍稍压实，然后浇足水。

2 出苗
出苗前不要在太阳下暴晒，保持土壤湿润，每隔两天检查一下是否需要浇水，5~7天后出苗。

3 间苗

出苗后若太过拥挤就要及时间苗。整个生长期要保持充足的水分，一般1~2天浇水1次。

4 间苗与追肥

苗高7~8厘米时再次间苗，并追肥1次。

5 间拔采收

植株高度约15厘米时就可以间拔采收，采大留小，采密留稀。

6 一次性采收

植株高度达 25 厘米以上时可以一次性采收。

专家叮嘱 Tips

　　用 50 厘米的长条盆种植的油麦菜可以间拔采收 2 次，也可分批一次性采收 2 次。大部分地区油麦菜可春秋两季种植，南方地区可春秋冬三季种植。夏季油麦菜发芽率低，且早熟易抽薹。

种植问答 Q&A

　　Q 油麦菜发苦是怎么回事？

　　A 油麦菜本身略带苦味，属正常现象，经烹饪后不明显。若是苦味较浓，则有可能是缺水或施用氮肥浓度过高。对此，需要经常浇水，并且施肥后要淋水稀释。

芹菜

　　芹菜是一种具有特殊香气的叶类蔬菜，属于高纤维食物，并且被人体吸收后会产生一种抗氧化剂。因此常吃芹菜，尤其是吃芹菜叶，对防治高血压、动脉硬化等都十分有益。芹菜还有助于清热解毒，去病强身。肝火过旺、皮肤粗糙、经常失眠和头疼的人可适当多吃些芹菜。

栽种行事历

繁殖方式	种植时间	收获时间	间苗次数	采收方式
撒播、条播	3~5 月、9~11 月	播种后 60 天陆续采收	2 次	掰取叶片、一次性采收

栽培要点

温度：喜冷凉、湿润，属半耐寒性蔬菜，在高温干旱条件下生长不良。发芽最低温度为 4℃，最适温度为 15~20℃；生长适温为 15~23℃。

土壤：以富含有机质、保水保肥力强并且排灌条件好的沙壤土为宜。

水分：芹菜根系浅，整个生长过程始终要求充足的水分供应。

施肥：芹菜具有吸肥能力低和耐肥力强的特点，对土壤肥力要求较高，适宜多施氮肥，一般需追肥 2~3 次。追施沤制腐熟的鸡鸭等家禽粪肥，则芹菜植株柔嫩、粗壮，纤维减少，品质和产量大大提高。

日照：对光照要求不严，弱光下也能生长。

种植步骤

1 播种
将种子与 3 倍细沙混合后撒播，播后覆薄土并浇透水。

2 出苗
保持土壤湿润，一般可隔 1~2 天在傍晚浇 1 次小水，直到苗出齐。出苗后遇大太阳要注意防晒，下雨天要防止暴雨冲刷。

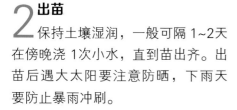

3 **间苗**
苗期根据情况间苗
2~3次。

4 **定植**
播种后30天左右，苗长
到10厘米高时就要移栽到
更大的容器中。定植的间距
为5厘米，可用小铲子挖出
小坑后移栽。

5 **追肥**
定植成活后可追
肥2~3次。

6 掰叶采收

在植株高度约 20 厘米时就可以掰取外部叶片采收。

7 一次性采收

植株的高度达 30 厘米以上时可以根据需要分批一次性采收。

专家叮嘱 *Tips*

用 50 厘米的长条盆定植的芹菜可以掰取叶片 4~5 次，或者分批一次性采收 5~6 次，多做炒菜的配菜。芹菜叶的营养价值很高，不要丢弃。

种植问答 *Q&A*

Q 芹菜品种有很多，各有什么特点？

A 芹菜分为旱芹、水芹和西芹 3 个种类，其中水芹多为野生，生长在沼泽地或河沟旁。若要种植水芹，则要选择黏性土壤，并供应充足的水分。旱芹就是我们平时所说的香芹，茎秆和叶子较细，香味浓郁。西芹则又高又壮，香味较淡，以食用嫩茎为主。

· 水芹

香菜

香菜又名芫荽、香荽、漫天星等。它的嫩茎和鲜叶有种特殊的香味，常被用作菜肴的点缀，是提味之品。香菜营养丰富，含有多种维生素和丰富的矿物质，还含有多种挥发油性物质，具有刺激人的食欲、增进消化、发汗祛风等功能。

栽种行事历

繁殖方式	种植时间	收获时间	间苗次数	采收方式
撒播、条播	8月下旬至翌年4月	播种后60天陆续采收	2次	掰取叶片、间拔采收

栽培要点

温度：香菜属耐寒性蔬菜，要求较冷凉、湿润的环境条件，在高温、干旱条件下生长不良，生长适温为17~20℃，30℃则停止生长。

土壤：喜保水保肥力强、有机质丰富的沙壤土。

水分：根系较浅，生长阶段喜湿润，但不耐渍。

施肥：需薄肥勤施，一般追肥2~3次，以有机氮肥为主。留种株需要增施磷肥。

日照：对光照要求不严，但光照过于强烈会让叶片发红，口感变老，纤维增多。

种植步骤

1 浸种

用工具将连在一起的两粒香菜种子搓开，放在35℃温水中浸泡24小时后再播种。

2 播种

春播不用催芽，秋播需要将浸泡后的种子捞出，放进冰箱冷藏催芽，待种子露白再播种。播种时将种子均匀地撒在土面上，覆盖0.5~1厘米厚的细土，最后轻轻喷水将土壤浇透。

3 出苗

播种后保持土壤湿润，5~7天出苗。

4 间苗

出苗后对过密的幼苗可进行1次间苗。

5 间苗与追肥

播种14天后，香菜幼苗长出真叶，可根据需要间苗1次，并进行追肥。

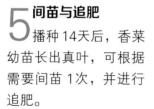

6 采收

苗高10厘米以上就可陆续采收，掰取叶片或间拔采收均可。

·香菜花

专家叮嘱 Tips

香菜多用于调味，每次的用量不多，可多次采收，一直采收到抽薹开花。

种植问答 Q&A

Q 香菜的春播和秋播要注意哪些问题？

A 春播香菜不用催芽，长势好，但气温升高后易抽薹开花。早秋播种香菜，宜选用耐湿热、耐病、抗逆性强、大棵大叶型的香菜品种，并进行冷藏催芽，播种后收获期长。

小白菜

小白菜又名不结球白菜、青菜、油菜，原产我国，栽培十分广泛。小白菜是含矿物质和维生素最丰富的蔬菜，含钙量尤其高，是防治维生素 D 缺乏性佝偻病的理想蔬菜。其所含的维生素 B_1、维生素 B_6、泛酸等，具有缓解精神紧张的功能。常食小白菜有利于预防心血管疾病，降低癌症患病率，并有通肠利胃之功效。

栽种行事历

繁殖方式	种植时间	收获时间	间苗次数	采收方式
撒播、条播	四季可播种，8~11 月最佳	播种后 30 天陆续采收	2 次	一次性采收

栽培要点

温度：喜冷凉，发芽适温为 20~25℃，多数品种生长适温为 18~20℃。耐寒能力较强，–3℃能安全越冬，25℃以上高温、干燥条件下生长衰弱，品质下降，易抽薹开花。

土壤：对土壤的要求不严格，但以富含有机质、保水保肥力强的壤土和沙壤土最为适宜。

水分：需要充足的水分供应，这样叶片更柔嫩、肥壮。

施肥：以氮肥为主，增施一些钾肥。

日照：对光照要求不高，能耐较弱的光线，长时间日照易抽薹。

种植步骤

1 播种

将小白菜种子混合3倍细沙后均匀撒在土里，用手将土稍加压实，然后浇足水，保持土壤湿润。

2 出苗

3~5天后，小白菜陆续出苗。出苗后若太密，可以间苗1次。

3 浇水与施肥

每天浇水1~2次，应小水勤浇。每周追施1次以氮肥为主的液体肥料。

4 间苗

小白菜长到4~6片真叶时间苗1次。间下的苗可以食用。

5 采收

植株高达15厘米左右可采收，采用间拔采收，收大留小。

专家叮嘱 Tips

· 经霜的小白菜

春播的小白菜应尽早采收，以免气温升高引起抽薹开花。秋播小白菜经霜后味道会更加香甜，这是因为低温促使小白菜内部的淀粉转化为糖。秋播小白菜可适当晚收。小白菜特别不耐储存，因此以随用随收最好。

种植问答 Q&A

Q 小白菜遭遇虫害怎么办?

A 小白菜的叶子柔嫩，容易招引菜青虫、蜗牛、蚜虫等害虫。家庭种植最好不要喷洒农药，可自制大蒜水或辣椒水喷洒驱虫，或人工捕捉，必要时可覆盖纱网防虫。有虫眼的菜叶洗净后不影响食用。

生菜

生菜是叶用莴苣的俗称，家庭种植多是散生绿叶品种的生菜。生菜茎叶中含有莴苣素，故味微苦，具有镇痛催眠、降低胆固醇、辅助治疗神经衰弱等功效；其中的甘露醇等有效成分，有利尿和促进血液循环的作用。生菜特别适宜胃病患者、维生素 C 缺乏者及肥胖者食用。

栽种行事历

繁殖方式	种植时间	收获时间	间苗次数	采收方式
撒播、条播	8~11月或2~3月，秋播为佳	播种后30天陆续采收	2次	掰取叶片、一次性采收

栽培要点

温度：喜冷凉，忌高温，稍耐霜冻。发芽适温为15~20℃，生长适温为12~20℃，高温下生长不良，易抽薹。

土壤：对土壤要求不高，以保水力强、排水良好的沙壤土为佳。

水分：生菜叶片需水量很高，缺水会直接影响品质，因此要保证充足的水分供应。

施肥：需要较多氮肥，种植前应多施有机肥作为基肥。

日照：喜光、耐阴，强光下叶片易发红。

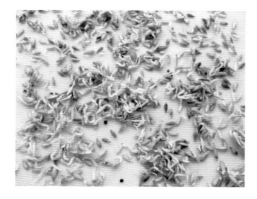

种植步骤

1 催芽

秋播时先将种子用清水浸泡3~4小时，使其充分吸水，然后用湿纸巾包好，放入冰箱冷藏室催芽4~5天，种子会长出白芽。春播可不用催芽。

2 播种

将种子与3倍细沙混合，均匀撒在土上，然后再撒上0.5厘米厚的细土并浇透水。

3 出苗

播种7天后，生菜苗陆续出土，若发现有苗根外露，就需要在苗根上撒0.5厘米厚的细土。

4 间苗

14天后间苗1次，把过密的苗拔掉，让剩下的生菜更好地生长。

5 定植

小苗具有5~6片真叶时即可移栽到定植容器中。定植行株距7厘米×5厘米。定植时要将根系舒展开，栽后浇透水。

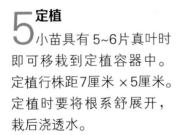

6 管理

定植后每2天浇水1次，每周追肥1次，15天后就长成一大盆。

7 采收

陆续间拔采收，采大留小。
根据需要在抽薹前全部采收完毕。

专家叮嘱 Tips

生菜富含水分，以清晨采收的最为脆嫩。
秋播的生菜可以掰取叶片采收，春播的生菜一
般为一次性采收。

种植问答 Q&A

Q 生菜有哪些种类？奶油生菜、色拉生菜也是生菜吗？

A 按外形来分，生菜分为结球生菜和不结球生菜。结球生菜的叶
片会包起，呈球形。不结球生菜叶片是散状生长的。结球生菜的单株更
大更重，生长期也更长。从种植方法上说，两者没有明显区别。

按颜色来分，生菜又可分为青叶、
白叶、紫叶和红叶生菜。青叶生菜纤维
素多；白叶生菜叶片薄，品质细；紫叶、
红叶生菜色泽鲜艳，质地鲜嫩。奶油生菜、
紫罗曼生菜、色拉生菜、苦苣、甜叶菊
苣等，都是生菜大家族的成员。

· 多姿多彩的生菜

菠菜

菠菜，又称菠薐、波斯草，原产波斯，现在我国各地都有种植。菠菜的蛋白质含量丰富，仅次于猪肉。常食菠菜，能促使肌肉发达、人体健壮，还有增强抗病力、延缓衰老、祛斑美容的功效。烹饪菠菜前，要用沸水焯一下，可除去草酸，避免食用后体内钙质流失。菠菜的红色根营养丰富，最好连根一起食用。

栽种行事历

繁殖方式	种植时间	收获时间	间苗次数	采收方式
条播	9~11 月或 2~4 月，以秋播为佳	播种后 45 天陆续采收	2 次	掰取叶片、一次性采收

栽培要点

温度：耐寒、不耐热，成株在冬季最低气温为 –10℃左右的地区可以露地安全越冬。种子发芽的最低温度为 4℃，最适温度为 15~20℃。

土壤：喜保水力强、排水良好的沙壤土。

水分：水分消耗量大，在生长期间要注意多浇水。缺水对植株生长不利，而且植株纤维增多，影响口感。

施肥：施肥要注意从少到多、从淡到浓。生长越旺盛，需要的肥料越多。采收前 1 周停止施肥。

日照：喜光照充足的环境，光照足则叶片肥厚，营养积累多，但过长光照易抽薹开花。

种植步骤

1 催芽

秋季播种，需要用清水浸种 12 小时并冷藏催芽，经 3~5 天露白后播种。

2 播种

春播不用催芽。均匀撒播或条播菠菜种子，播后盖上 1 厘米厚的土，并浇透水。

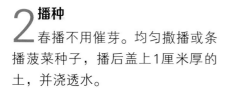

3 出苗

根据天气情况每隔1~2天喷1次水,一般2~5天会出苗。

4 间苗

长出两片真叶后,根据实际情况及时间苗,为余下的菠菜留出更大的生长空间。

5 浇水与追肥

一般3~5天浇1次水,保持土壤湿润即可。每10天左右随水追施1次有机肥。

6 采收

植株长到15厘米时就可以间拔采收，可用手连根拔起。

专家叮嘱 Tips

秋播的菠菜可持续采收到第二年春天，春播菠菜 2~3 个月就会抽薹开花结果，应在抽薹前全部采收完毕。

种植问答 Q&A

Q 菠菜的"黄叶"现象如何解决？

A 土壤缺肥、透气性差，水分过多都会引起菠菜黄叶。种植菠菜时要选用疏松的土壤，并且可埋入富含多种肥料的底肥。在日常管理中，浇水前可用筷子插入土壤以判断其是否缺水，一般只要湿润就不必浇水。

蒜苗

蒜苗又叫蒜毫、青蒜，是大蒜青绿色的幼苗，以其柔嫩的蒜叶和叶鞘供食用，具有蒜的香辣味道。蒜苗含有丰富的维生素C以及蛋白质、胡萝卜素、硫胺素、核黄素等营养成分，具有祛寒、散肿痛、杀毒气、健脾胃等功效。

栽种行事历

繁殖方式	种植时间	收获时间	间苗次数	采收方式
种球点播	春秋均可	播种后 60 天陆续采收	2 次	掰取叶片、一次性采收

栽培要点

温度：喜冷凉，发芽适温为 3~5℃，幼苗期最适生长温度为 12~16℃。

土壤：对土壤种类要求不严，但以富含腐殖质的肥沃壤土为好。

水分：浇水应见干见湿，保证充足的水分供应能使叶片柔嫩。

施肥：应少量多次，随水施薄肥。

日照：适宜在弱光条件下生长，强光易老。

种植步骤

1 剥蒜

将买来的大蒜头晒两天，掰瓣，去掉大蒜的茎盘。选择洁白肥大、无病无伤的蒜瓣作为种蒜，不要剥掉蒜衣。

2 点播

将蒜头尖头朝上埋入土中，然后浇透水。生长期随水施 1 次薄肥，每 2~3 天浇 1 次水。

3 一次采收

播种后15天，大蒜苗已经长到15~20厘米高，可用剪刀在距离土面 2厘米的地方将蒜苗剪下。

4 再次生长

3~5天后叶片会再次生长。

5 二次采收

20天后又能采收了，同样用剪刀剪下。

专家叮嘱 *Tips*

蒜苗收获一茬后，必须追肥1~2 次，这样下一茬蒜苗才会长得好。青蒜最多收获 3 次就要重新种植了。

种植问答 *Q&A*

Q 蒜薹和大蒜头如何种植？

A 蒜薹和大蒜头的种植方法与蒜苗相同，但是想收获蒜薹一定要选择抽蒜薹的品种，因为有些品种不抽蒜薹或者抽薹晚。采收蒜薹和大蒜头的一般不收割蒜苗，蒜薹 5 月采收，大蒜头 5~6 月采收。

· 大蒜头

小葱

小葱又名香葱、四季葱，是日常厨房里的必备蔬菜，可作调味之品。常食小葱能够健脾开胃，增进食欲。脑力劳动者常食小葱还能起到提神醒脑的作用。

栽种行事历

繁殖方式	种植时间	收获时间	采收方式
老根分株	春秋均可	播种后 30 天陆续采收	掐取葱叶、拔收分蘖

栽培要点

温度：喜温暖，适宜生长温度为 12~25℃，夏天要遮阴防晒，冬天要防冻保暖。

土壤：要求疏松、肥沃、富含腐殖质的沙壤土或壤土种植。

水分：较耐干旱，但根系的吸收能力差，所以各生长发育期均需供应适当的水分；不耐涝，多雨季节应注意及时排水防涝，防止沤根。

施肥：对氮肥最敏感，施用氮肥有显著增产效果。要追施钾肥和少量磷肥，可促进健壮。

日照：不耐阴，也不喜强光，但健壮生长需要良好的光照条件。

种植步骤

1 分株

用手将株丛掰开，一般 3~4 根分为一簇，从距离根部 2~3 厘米处剪断。

2 种植

在盆底埋入有机粪肥，然后装土，并将带根小葱一簇簇栽好，每簇间距为 5~7 厘米。

3 缓苗

种好后放在荫蔽处3~5天，注意保持土壤湿润，之后可正常管理。

4 掐取葱叶

1个月后，小葱长到15厘米时，可根据需要掐取葱叶。

5 拔收分蘖

根据需要对每一株<u>丛</u>拔收一部分分蘖，留下一部分继续生长，待生长繁茂后再采收。

专家叮嘱 *Tips*

小葱可持续采收到冬季来临，每半个月左右追施 1 次液肥。冬季休眠期须少浇水不施肥，气温低于 5℃时移入室内，春季到来又可继续采收。小葱每 3 年重新分株更新 1 次。小葱较少结籽，一般不自留种子。

· 小葱开花

种植问答 *Q&A*

Q 为什么我种的小葱像牙签，又瘦又小？

A 要想小葱长得健壮，一是要保证土壤的疏松透气，让它的根系充分吸收营养；二是合理施肥，除了充足的底肥外，还可以每周随水浇施一些液肥；三是不要被其他高大的植物遮挡，只有阳光、雨露充足，才能长得苗壮。

韭菜

韭菜又称扁菜，素有"菜中之荤"的美称，热量较低，富含铁、钾和维生素 A、β – 胡萝卜素。韭菜可增进食欲，经常食用还有健胃、提神、补肾助阳的功效。初春时节的韭菜品质最佳，晚秋的次之，夏季的最次。

栽种行事历

繁殖方式	种植时间	收获时间	采收方式
老根分株	春秋均可	栽种后 30 天陆续采收	割取韭叶

栽培要点

温度：耐寒性强，发芽适温为 5~8℃，生长适温为 12~24℃；不耐高温，长时间 0℃易受冻。

土壤：对土壤要求不太严格，最适宜种植在富含有机质、土层深厚、保水保肥力强的壤土中。

水分：旺盛生长期对水分的要求大大增加，因此要保证充足的水分供应。土壤要见干见湿，不要积水。

肥料：喜肥，尤以速效性氮肥最好，但同时应保证磷、钾肥充足。

日照：韭菜原产于山阴地带，喜强度适中的光照，高温、强光下纤维素增多，品质下降。

种植步骤

1 分株

用种子播种，韭菜幼苗生长很慢，采用老根分株法繁殖则能更快收获。方法是将老韭菜从土里带根挖出，在距离根部3厘米处剪掉上部叶子，再用手将株丛掰开，一般 5~8根分为一簇。

2 种植

将韭菜根一簇簇栽好，每簇间距为5~7厘米，注意让根部伸展开。种好后将土压实并浇透水。

3 缓苗

放在荫蔽的地方缓苗3~5天后即可正常浇水、施肥和晒太阳。

4 生长

韭菜长到高20厘米左右，植株比较繁茂时即可采收。

5 采收

采收韭菜时用干净剪刀在距根部2厘米处剪下即可。每次采收后，待新叶长出 2~3厘米再浇水、施肥。

专家叮嘱 *Tips*

韭菜是多年生蔬菜，可以收割多次，但以春天第一次收割的"头韭"品质最佳，营养最丰富。每 3~5 年应将老根挖起，换土重新种植。

种植问答 *Q&A*

Q 韭菜可以用种子种植吗？

A 韭菜可以通过播种的方式种植，但发芽时间很长，生长速度也较慢。一般播种第一年韭菜生长比较弱，不建议采收，最好是第二年再采收。

· 韭菜种子

胡葱

胡葱又名蒜头葱、回回葱，全株可作蔬菜食用，鳞茎可制成调味佐料。胡葱营养丰富，具有独特的香辣味，能刺激唾液和胃液分泌，增进食欲，还有改善循环、解表清热、降血脂的作用，常食有益健康。

栽种行事历

繁殖方式	种植时间	收获时间	采收方式
以地下鳞茎点播	春秋均可	播种后 30 天陆续采收	掐取葱叶、拔收分蘖

栽培要点

温度：抗寒力强，耐热力较弱，温度达到 12℃以上后发芽迅速。生长适温为 22℃左右，低于 10℃生长缓慢，高于 25℃时植株生长不良。炎夏时节地上部分枯死，地下鳞茎短期休眠越夏。

土壤：对土壤的适应性较强，以肥沃疏松、保水保肥力强的壤土为佳。

水分：根系较浅，吸水能力弱，要求经常保持土壤湿润，但不耐涝，如遇暴雨需及时排水，否则叶片会变黄腐烂。

施肥：较喜肥，除了基肥外，生长期可随水施几次腐熟有机肥。

日照：喜光，光照越足，生长越旺盛，香味越浓郁。

种植步骤

1 播种

用鳞茎种植，按 1~1.5 厘米的间距点播鳞茎 1 粒。

2 出苗

播种15天后植株有10厘米高，此时追肥1次。

3 生长

种植1~2个月后，株丛繁茂。

4 采收

用剪刀在距根部2厘米处剪取，也可以拔收分蘖。每次采收后均应追肥1次，并浇水和浅培土。

5 留种

5~6月鳞茎成熟，每个母鳞茎可产生 10~20个子鳞茎，地上部枯死时挖出食用，或晾干挂藏在通风阴凉处，留作种用。

专家叮嘱 Tips

秋季种植的胡葱，如果在入冬前不收获，可进行一次分株栽植。胡葱在春季抽薹前生长最茂盛，要适时收获。

种植问答 Q&A

Q 胡葱如何食用？

A 胡葱头可凉拌当小菜食用，也可作为调料，多用于荤、腥、膻的菜肴、汤羹中，还可切碎后煎蛋或煎饼，有特殊清香。

茼蒿

　　茼蒿又名蓬蒿、蒿菜，其茎叶清香甘甜、鲜美脆嫩，生炒、凉拌、做汤均可。茼蒿含有丰富的营养，尤其是胡萝卜素和矿物质含量较高，有清血、养心、降压、润肺、清痰的功效。常吃茼蒿，对咳嗽痰多、脾胃不和、记忆力减退、习惯性便秘均有较好的疗效。而茼蒿与肉、蛋等共炒时，可提高其维生素 A 的吸收率。茼蒿焯水后拌上芝麻油、精盐，清淡可口，最适合冠心病、高血压患者食用。

栽种行事历

繁殖方式	种植时间	收获时间	间苗次数	采收方式
撒播、条播	8~9 月或 3~4 月，以秋播为佳	播种后 30 天陆续采收	2 次	一次性采收、掐取嫩梢

栽培要点

温度：喜冷凉，不耐高温，生长适温为 20℃左右，12℃以下生长缓慢，29℃以上生长不良。

土壤：对土壤要求不严，喜疏松肥沃、保水保肥、排灌良好的沙壤土。

水分：不能缺水，要保持土壤湿润，但若遇到雨季，则要及时排除积水。

肥料：对肥料需求量较大，需薄肥勤施。

日照：对光照要求不严，一般以较弱光照为好。

种植步骤

1 播种

播种前用 30~35℃的温水浸种 12 小时，再将土浇湿，然后将茼蒿种子均匀地撒在土面上，并覆盖 1 厘米厚的细土。

2 出苗

播种后注意保持土壤湿润，5 天后，茼蒿开始陆续出苗。

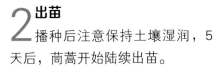

3 间苗

出苗10天后，茼蒿大多长出 4 片真叶，需要间苗 1 次。

4 间拔采收

到长出 6~8 片真叶时，可间拔采收。

5 采收

植株长到15厘米高的时候，就可以连根拔起一次性采收。

专家叮嘱 *Tips*

春播茼蒿可以掐取顶部的嫩梢食用，待侧枝长出后，再掐取侧枝的嫩梢直至开花，这样就可以重复采收很多次。茼蒿的花很美丽，留一些作为花卉观赏也不错。

种植问答 *Q&A*

Q 大叶茼蒿和小叶茼蒿有何区别？

A 茼蒿分为大叶和小叶两种。大叶茼蒿又称板叶茼蒿或圆叶茼蒿，叶宽大，缺刻少而浅，叶厚，嫩枝短而粗，是比较常见的品种。小叶茼蒿又称花叶茼蒿，叶狭小，缺刻多而深，叶薄而细。

· 小叶茼蒿

雪里蕻

雪里蕻又名雪菜、春不老，是叶用芥菜的一个变种。蕻就是茂盛的意思，大雪过后，诸菜冻损，此菜独青，故名雪里蕻。雪里蕻含有大量的维生素 C，常食有提神醒脑、解除疲劳的作用。腌制后的雪里蕻有一种特殊的鲜味和香味，能促进胃肠的消化功能，增进食欲，可用来开胃，帮助消化。它含有的胡萝卜素和大量食用纤维素，有明目与清肠通便的作用，是眼科患者的食疗佳品，也适于老年人食用。

栽种行事历

繁殖方式	种植时间	收获时间	间苗次数	采收方式
撒播、条播	8~9 月或 3~4 月，以秋播为佳	播种后 45 天陆续采收	2 次	一次性采收

栽培要点

温度：喜冷凉气候，不耐热，播种温度须在 10℃以上。生长适温为 15~25℃，冬季 -3℃能露地越冬。

土壤：以有机质丰富、微酸性、排水良好的黏壤土为佳。

水分：较喜湿润，生长期需要充足的水分，缺水会导致纤维物质增多。

肥料：施肥以氮肥为主，磷、钾肥为辅，基肥占 80%，追肥占 20%，生长期追肥 2~3 次。

日照：较耐荫蔽，但在阳光充足的条件下生长好，产量高。

种植步骤

1 播种

先浇足底水，然后将种子混合 3 倍沙子后均匀撒在土里。若 8 月播种，则需要覆盖遮阴物或将育苗容器放到阴凉处。

2 出苗

保持土壤湿润，3~5 天后即可出苗。

3 浇水与追肥

出苗后每隔 2~3天浇 1次水，每周追肥 1次。

4 间苗

苗高7厘米左右间苗1次，间苗下来的雪里蕻可以食用。

5 生长

播种20天后，小苗逐渐长满整个容器。

6 采收

植株高达15厘米左右可随时采收，收大留小。

专家叮嘱 Tips

秋播的雪里蕻可以露地越冬，长成株高 30 厘米的成株。雪里蕻腌制成酸菜或晒成干菜，风味独特。春播多收获嫩苗，在抽薹前全部采收完毕。

种植问答 Q&A

Q 雪里蕻有哪些品种？

A 雪里蕻有两种：一种细叶（又称花叶、小叶）雪里蕻，叶子细长，裂纹深刻，边缘皱缩；一种大叶雪里蕻，叶子宽大，边缘有锯齿。无论哪种雪里蕻，色泽都翠绿，令人赏心悦目。小叶雪里蕻适合鲜炒，大叶雪里蕻适合腌制后食用。

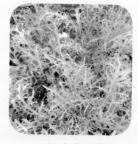

· 细叶雪里蕻

菜心

菜心又名菜薹、广东菜薹，以花薹供食用。菜心品质柔嫩，风味可口，营养丰富，可炒食、煮汤或作配菜。它富含蛋白质、碳水化合物及钙、磷、铁等矿物质元素，还含有丰富的维生素 C，一般人群均可食用。

栽种行事历

繁殖方式	种植时间	收获时间	间苗次数	采收方式
撒播、条播	8~9月或3~4月，以秋播为佳	播种后45天陆续采收	2次	间拔采收、掐取花薹

栽培要点

温度：喜凉爽温暖气候，在月均温 3~28℃ 条件下均可栽培，生长发育适温为 15~25℃，但不同的生长发育阶段对温度的要求不同。种子发芽和幼苗生长的适温为 25~30℃，叶片生长适温要求稍低，为 20~25℃，薹形成的适温为 15~20℃。

土壤：以中性或微酸性、土层疏松、排灌方便、有机质含量丰富的壤土或沙壤土为宜。

水分：菜心根系浅，既不耐旱又不耐涝，对土壤水分条件要求较高，需经常淋水，保持土壤湿润，但以不积水为度。薹生长期要适当控制浇水，以防止徒长。

施肥：以氮肥为主，应勤施薄施，生长后期对磷、钾的需求明显，可适当追施磷、钾肥，这对根系生长和提高蔬菜品质有明显促进作用。

日照：对光照要求不严，但充足光照有利于生长发育。

种植步骤

1 播种

花盆内播种，用干鸡粪（饼肥也可）作基肥，混合在园土中。采用撒播的方法，不用覆盖土，播后浇足水。

2 出苗

播后3天出苗。苗期只浇水，不施肥。

3 间苗

苗高5厘米时间苗1次。

4 间拔采收

长出4~6片真叶时间拔采收1次。

5 追肥

播种30天后，菜心长势旺盛，此时可追肥 1 次。

6 采收全株

株高15厘米时可间拔采收 1 次。

7 采收花薹

播种45天后，可将花薹一次性采收。

专家叮嘱 *Tips*

菜心分早熟、中熟、晚熟3个类型，早熟品种生长期35天左右，耐热、耐湿、抗病力较强，适于早春栽培；中熟品种生长期60天左右，薹较粗，高30厘米左右，优质、高产、适应性强，适于8~9月份播种；晚熟品种品质优良，较耐贮运，适合11月至翌年3月播种，但必须注意寒潮和低温阴雨影响。

种植问答 *Q&A*

Q 菜心如何自留种子？

A 主薹未采收时选择生长势强壮、具有本品种优良特征的单株作留种株，应与十字花科植物严格隔离。种子成熟一般在冬末春初。种子采收后，要充分干燥，再密封贮藏。

16 种
瓜果、豆类、
根茎类蔬菜

番茄

番茄又名西红柿、洋柿子，原产于秘鲁，果实酸甜多汁，风味独特，含有丰富的维生素 C 和维生素 A 以及叶酸、钾等营养元素。特别是它所含的茄红素，对人体的健康更有益处。常食番茄，能生津止渴、健胃消食、清热解毒、凉血平肝、补血养血和增进食欲。

栽种行事历

繁殖方式	种植时间	收获时间	管理要点	采收方式
点播	2~4 月	播种后 90 天陆续采收	立支柱、摘心、抹芽、授粉、疏果	果实变红后带果柄摘下

栽培要点

温度：不耐寒，霜降即枯萎。早春需在室内或温棚育苗。花果期遇长时间低温会导致不开花或果实发育不良。

土壤：应选用土层深厚、排水良好、富含有机质的壤土或沙壤土种植。

水分：苗期不可缺水，成株比较耐旱，但在开花结果期需要充足的水分。

施肥：不需要太多的氮肥，但需要多施一些磷肥和钾肥，以促进根系生长和开花结果。

日照：对日照要求较高，结果后每天至少需要 8 小时日照，果实才能成熟。

种植步骤

1 催芽

先将种子用温水浸泡 6~8 小时，然后保持湿润，放置在 25~30℃条件下催芽，2~3 天后播种。

2 播种

在育苗碗里每隔 2 厘米撒 1 粒种子，播种后覆盖厚度约 0.5 厘米的细土并浇透水。

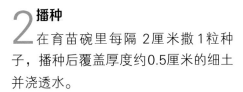

3 育苗

播种后至幼苗期，需要套上薄膜或放入泡沫箱中，中午阳光强烈时要揭开薄膜或搬出泡沫箱通风。长出真叶后每隔7~10天喷液肥1次。

4 定植

苗高10~15厘米时选择晴天上午定植，栽种在容器中。直径20厘米左右的花盆一般定植1株。

5 立支柱

定植成活后就需要用棍子立支柱，至少将支柱插入土中10厘米深以上，以方便固定。

6 摘心抹芽

植株长到60厘米高时要对主枝摘心，各个分枝之间的腋芽也要全部抹去。

7 授粉

花开后用棉签轻轻摩擦柱头，进行人工授粉。

8 追肥与疏果

结果后每隔10天追施有机液肥 1 次。果实过多时，需要将个小、发育不良的果实摘除，一般 1 个分支只留 2~3 个果实。

9 采收

果实大部分变红时就可以采摘，若尚有青色，则在室温下放置两天就能完全转红。采收时连果柄一起轻轻剪下，不要用力拉扯，以免造成枝干损伤或果实受伤。

大番茄分为大红和粉红两种，大红番茄酸甜多汁，粉红番茄口感沙糯，可根据个人喜好种植。除了传统的大番茄品种外，各种小番茄也深受人们喜爱。小番茄果实形状有球形、枣形、洋梨形等，果色丰富多彩，有红、黄、粉、紫等色，多作为水果生食或用于制作甜品。

种植问答 *Q&A*

Q 小番茄有什么特点？如何种植？

A 大多数小番茄属于无限生长类型，长势旺盛，植株高大，相对晚熟，每个主茎可长 6~8 个或更多的花序，结 7~8 穗果，甚至更多。其开花结果期长，总产量高。种植过程中要注意提供充足的水肥，支柱尽可能高一些、结实一些。如果植株高达 1.5 米以上，要适当摘心，控制枝干生长，让营养积累在果实上。

辣椒

　　辣椒又名番椒、海椒，原产于南美洲热带地区，明朝末年传入中国湘楚之地。它含有丰富的维生素 C、β - 胡萝卜素、叶酸、镁及钾，维生素 C 含量在蔬菜中居首位。辣椒能促进消化液分泌，适当吃点辣椒，能让人食欲大增。

栽种行事历

繁殖方式	种植时间	收获时间	管理要点	采收方式
点播	3~5月	播种后75天陆续采收	立支柱、摘心、抹芽、剪枝	老嫩均可，带果柄摘下

栽培要点

温度：喜温，不耐霜冻。生长适温为20~30℃，开花结果期温度不能低于10℃。

土壤：以土质疏松、肥力较好的沙壤土为佳。

水分：较耐旱，不耐涝。幼苗需水较少，土壤不宜过湿。生长期和花果期需水量逐步增加，但水分过多又易导致落花、落果、烂果、死苗。

肥料：在整个生长阶段，对氮的需求量最多，但偏施氮肥植株易徒长，并易感染病害，因此还要追施磷、钾肥。

日照：喜光，要求充足的光照。光照充足茎粗壮，叶片肥厚且颜色浓绿，根系发达，果实膨大快。

种植步骤

1 晒种
将种子放在阳光下暴晒2天后，放于25~30℃的温水中浸泡12小时。

2 播种
均匀点播到育苗碗里，再用0.5~1厘米厚的细土覆盖，然后浇足水，并放入泡沫箱中或覆盖一层薄膜保温。

3 出苗

播种后经常浇水，保持土壤湿润但不积水，3~5天出苗。出苗后白天要适当揭开薄膜通风，并晒太阳。

4 分苗

苗高5厘米时进行分苗，每个直径5厘米的容器中只种植1棵。

5 定植

苗高15厘米左右，选择晴天上午定植，直径20厘米的花盆1盆只定植1棵。

6 立支柱

定植成活后要立支柱，至少要将支柱插入土中10厘米深以上。

7 追肥与浇水

每10天左右浇1次肥水,花开后适当减少浇水量。

8 追肥

果实膨大期注意每周追肥1次,增施磷、钾肥。

9 采收

一般花谢后2~3周,果实充分膨大、色泽青绿时就可采收。采摘时注意连果柄一起摘下,这样可延长保存的时间。

专家叮嘱 Tips

辣椒合理剪枝可增产 15%~20%。剪枝时间一般在第一茬果实已采摘完的 7 月下旬至 8 月上旬。剪枝时使用较锋利的修枝剪刀，不要用手折枝。除一级分枝保留 20~30 厘米长，其他分枝全部剪掉。剪枝后要注意追肥，并及时清除杂草。一般剪枝后 1 个月会结出第二茬果实。

种植问答 Q&A

Q 辣椒的品种有哪些？有何特性？

A 辣椒的品种繁多，大部分的辣椒都有辣味，但也有少部分，例如菜椒、甜椒等辣味很淡或没有辣味。普通辣椒一般株型中等偏大，果实较大，呈绿色牛角形或鸡心形，成熟后变为红色，辣度中等。近年来流行种植各类观赏辣椒，如五彩椒、珍珠椒、白玉椒、灯笼椒、螺丝椒、南瓜椒、风铃椒等，主要因其形状或颜色特异而得名。

· 螺丝椒

· 五彩椒

· 朝天椒

茄子

　　茄子又名落苏，原产于东南亚一带，公元 4~5 世纪传入中国。茄子的营养较为丰富，特别是维生素 P 的含量很高。经常吃茄子，有助于防治高血压、冠心病、动脉硬化和出血性紫癜。此外，茄子还有清热活血、消肿止痛的功效，对慢性胃炎、肾炎水肿等疾病都有一定的治疗作用。

栽种行事历

繁殖方式	种植时间	收获时间	管理要点	采收方式
点播	2~4 月	播种后 75 天陆续采收	立支柱、摘心、抹芽、剪枝	老嫩均可采收，带果柄摘下

栽培要点

温度：喜温，不耐霜冻，生长适温为 20~30℃，低于 20℃时，易落花，果实发育不良，5℃以下出现冷害。

土壤：喜欢有机质含量高、透气性好的壤土或黏壤土。

水分：茄子枝叶繁茂、开花结果多，对水分的需求量大，要保证充足的水分供应。但又怕涝，雨季要注意排水，否则果实易烂。

施肥：需肥量大，要埋足底肥，并多追肥，花果期要增施磷、钾肥。

日照：对光照要求不严格，日照时间越长越能促进发育，且开花早。

种植步骤

1 播种

将种子用细土拌匀后均匀撒于土面。播后覆盖薄膜保温，保持土壤湿润直至发芽。

2 间苗

出苗后15天左右间苗1次，苗期施1~2次以氮肥为主的液肥，使枝叶粗壮。

3 分苗

3~4片真叶时可分苗到单独的容器中。

4 定植

株高10~20厘米时定植。一般直径20厘米的花盆每盆定植1棵。

5 立支架

茄子定植成活后需要用棍子立支架，支架高度在60厘米左右。

6 整枝与追肥

一株茄子只留2~3根主枝，其余的芽都要抹掉。植株长到30~40厘米高时要对主枝摘心。

7 追肥

开花前视长势施肥，约每月施 1 次。开花后增加施肥次数，约每 10 天施 1 次，以磷、钾肥为主。

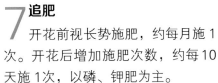

8 挂果

挂果期应保持土壤湿润，忌忽干忽湿，一般在傍晚浇水。最好让果实自然下垂生长。

9 采收

茄子从开花到果实成熟约需 15 天，当果实饱满、表皮有光泽时即可采收，带果柄剪下。

在一茬果实采收后的 7 月底至 8 月上旬，将茄子老枝条大部分剪掉，只留植株的基部和大枝，大枝仅保留 20~30 厘米。剪枝后一般 40 天就可采摘一批再生茄子，肥水管理得当的话可采收到 11 月左右。

种植问答 *Q&A*

Q 如何预防"烂茄子"？

A "烂茄子"就是茄子绵疫病，在茄子生长的各个时期都可能发生，但以果实受害最重。绵疫病属真菌性病害，靠近地面的果实和茎叶最先染病。高温高湿、雨后暴晴天气、植株密度过大、偏施氮肥等，都会加重此病。

预防"烂茄子"除选用抗病品种外，还要注意：不能与茄科植物连作；宜选较高地势种植且避免积水；夏季实行株行覆盖稻草等措施降低地温；及时摘除底部老叶，加强通风透光。

黄瓜

　　黄瓜也称胡瓜、青瓜，其肉质脆嫩、汁多味甘、芳香可口。常食黄瓜可改善人体新陈代谢，并有减肥和预防冠心病的功效，还能有效抗皮肤老化，减少皱纹，让人容光焕发。

栽种行事历

繁殖方式	种植时间	收获时间	管理要点	采收方式
点播	2~3月、8~9月	播种后75天陆续采收	立支柱、摘心、抹芽	老嫩均可采收，带果柄摘下

栽培要点

温度：喜温不耐冻，适宜发芽温度为28~32℃，10~32℃均可生长，生长最适宜温度为18~25℃。

土壤：宜选择肥沃、富含有机质的沙壤土种植。

水分：黄瓜根系浅，叶面积大而薄，蒸腾量大，应保证充足的水分供应。同时又怕涝，如果土壤湿度过大、温度又低，容易出现寒根、沤根和发生猝倒病。

肥料：喜肥而不耐肥，施肥要少量多次，浓度宜淡不宜浓。氮肥过多时易产生苦味。

日照：对光照要求不高，但持续阴雨会使植株柔弱，易染病，并引起"化瓜"。

种植步骤

1 播种
用育苗钵装好育苗培养土，在土面上戳出一个个的小洞，一个洞放入一粒种子，然后盖土1~2厘米厚，浇透水。

2 出苗
7~10天后，黄瓜全部出苗，之后每2~3天浇1次水。

3 分苗
根据需要将小苗分到单独的容器中。

4 定植
将有2~3片真叶的小苗定植到容器中，间距20厘米以上，注意使根部伸展。

5 追肥
定植后要保持土壤湿润，定植1周后可每周施1次稀薄粪水。

6 搭架

苗高20~25厘米时搭架引蔓，并追肥1次。

7 授粉

黄瓜开花后，要适当减少浇水量，并进行人工授粉。

8 采收

一般开花后10天左右就可以采收，果实上的肉瘤充分展开而表皮尚未膨大时最佳。进入收获期后，每星期追肥1次，能够让黄瓜结出更多的果实。

专家叮嘱 *Tips*

夏季温度过高需适当遮阴降温，加强通风管理，浇水要适量，不要忽干忽涝。及时摘除过密的叶片，保证正常授粉，能使瓜条生长匀称，避免出现大头瓜、细腰瓜。

种植问答 *Q&A*

Q 为什么会种出苦味黄瓜？如何解决呢？

A 我们在种植黄瓜时，有时会出现一些带苦味的黄瓜。这是由一种叫苦味素的物质引起的，它能使人出现呕吐、腹泻、痉挛等中毒症状。该物质以黄瓜瓜柄部含量最高，并且可以遗传。为有效预防苦黄瓜，种植时要注意以下几点。

一是合理施肥：肥料多选用腐熟的有机肥，少用氮素化肥。施肥要少量多次，浓度宜淡不宜浓。氮肥过多或磷、钾肥过少时最易产生苦味。

二是适时栽培：当气温长期低于13℃或高于30℃时，会导致产生苦味瓜，因此定植不宜过早。温度过高需适当遮阴降温。

三是合理灌水：高温天气时通过合理灌水来调节湿度，保持土壤中有足够的水分。浇水做到少量多次，且宜在晴天早晨进行。

四是合理留种：在黄瓜将要成熟时，取表皮层部分品尝，选择无苦味的黄瓜留种。

丝瓜

丝瓜又名水瓜、布瓜，原产于东南亚一带，明代引种到我国，成为人们常吃的蔬菜。丝瓜所含各类营养物质在瓜类蔬菜中是较高的，其所含的皂甙类物质、苦味质、黏液质、木胶、瓜氨酸、木聚糖等都对人体大有益处，药用价值很高。

栽种行事历

繁殖方式	种植时间	收获时间	管理要点	采收方式
点播	4~5 月	播种后 90 天陆续采收	搭棚、摘心、抹芽	老嫩均可采收,带果柄摘下

栽培要点

温度:喜温耐热,最适宜的发芽温度为 28℃,20℃以下时发芽缓慢。生长适温为 18~24℃,开花结果适温为 26~30℃。

土壤:在土壤深厚、含有机质较多、排水良好的肥沃壤土中生长最好。

水分:喜潮湿、耐涝、不耐干旱,种植需要充足的水分供应,要求土壤湿度较高。

施肥:丝瓜生长快、结果多、喜肥,要施足基肥,定植后早施 1~2 次提苗肥,盛果期追肥 2~3 次。

日照:对光照要求不严,但在晴天、光照充足的条件下有利于丰产、优质。

种植步骤

1 播种

在育苗容器内的土面上戳几个小洞,每洞播种 2 粒种子,深度为 1~2 厘米,种粒平放,播后覆土并浇透水。

2 出苗

播后给土面盖上干草,用以保温保湿,1 周后出苗。苗期每周追施薄肥 1 次。

3 定植

5~6片真叶时定植在大型容器中，深度在30厘米以上为佳。

4 搭架引蔓

当蔓长达50厘米左右时，开始搭2米高的棚架。引蔓上架后要把下面多余的侧蔓摘除，以利于通风透光。中后期一般不进行摘蔓。

5 花期管理

在雌花出现前，应适当控制肥水；雌花出现后要施重肥，可用花生麸、人畜粪沟施。注意摘除过密的老黄叶和多余的雄花。

6 采收

一般在花后8~12天、瓜成熟时采收，此时瓜身饱满，果柄光滑，瓜身稍重，手握瓜尾部摇动有震动感。以后每采收1~2次，追肥1次。

专家叮嘱 *Tips*

丝瓜花谢后40天果实将完全成熟。选取健壮、结果部位低、产量高的植株上的壮实大瓜作为留种瓜。等瓜完全枯黄时摘下，取出种子晾晒2~3天，然后放在干燥通风的地方，等待来年种植。成熟丝瓜纤维发达，可入药，称为"丝瓜络"。

种植问答 *Q&A*

Q 丝瓜不开花是怎么回事？

A 光照不足、植株遭受病虫害、长势过盛或者过弱都有可能造成丝瓜不开花或迟开花。所以在种植过程中一定要保证充足的光照和通风，及时摘心，并摘除多余的叶片。此外，不要施过多氮肥，可施一些磷、钾肥。

苦瓜

苦瓜又名凉瓜，原产于亚洲热带地区，在我国约有600年的栽培历史。苦瓜具有特殊的苦味，但口感清爽，吃过后还有股回甘，可谓苦尽甘来。苦瓜性寒，具有清暑解渴、降血压、降血脂、美容养颜、促进新陈代谢等功效。

栽种行事历

繁殖方式	种植时间	收获时间	管理要点	采收方式
点播	3~4 月	播种后 90 天陆续采收	搭棚、摘心、抹芽	老嫩均可采收，带果柄摘下

栽培要点

温度：喜温、耐热、不耐寒，在南方夏秋的高温季节仍能生长。发芽适温为 30℃，生长适温为 15~30℃。

土壤：对土质要求不太严格，适应性广。一般在肥沃疏松、保水保肥力强的壤土中生长良好，产量高、品质优。

水分：喜湿，不耐涝，生长期间需要较高的土壤湿度和空气湿度，但忌积水，积水植株易受害。

肥料：耐肥不耐瘠，尤其是生长后期和结果盛期要加强肥水管理，追施充足的氮、磷肥。

日照：喜光，不耐阴，开花结果期需要较强光照，充足的光照有利于光合作用及提高坐果率，光照不足则常引起落花落果。

种植步骤

1 催芽

用温水浸种 12小时，然后置于 25~30℃下催芽，约 2天后，种子露白即可播种。

2 播种

在育苗容器内的土面上戳一些小洞，每洞放入1粒种子。播后用1厘米厚的土覆盖，并注意淋水，直至幼苗出土为止。

3 **出苗**
3~5天后，苦瓜嫩黄的
幼苗就开始破土而出。

4 **定植**
在晴天上午，选择有 5~6
片真叶的瓜苗定植。定植后浇
透水，同时注意保持土壤湿润，
大晴天要适当遮阴。

5 **追肥**
定植后 7 天左右可追肥，以后每隔
5~7天施 1 次，其浓度逐渐提高。每隔
2~3天浇水 1 次。

6 **搭架**
苗高30厘米时要及时搭架，
并牵引藤蔓使其攀爬在架子上。

7 授粉与整枝

花期进行人工授粉，同时摘除侧蔓及过密、衰老的枝叶。主蔓长到1.5米高要及时摘心。

8 挂果

结果期加强肥水管理，每天浇水1~2次，肥料浓度可适当提高。

9 采收

苦瓜一般在花谢后 15天左右，表面肉瘤展开时采收。每收1次瓜后追肥1次，可以延长采收期。

专家叮嘱 *Tips*

心仪的苦瓜品种，可以自留种子。选择生长健壮、无病虫害、结瓜多、瓜形端正、具有本品种特征的植株作留种株。留种株上要选择瓜形好、生长快的2~3个瓜作种瓜，其余嫩瓜及早摘除。种瓜表皮裂开或发红时，取出种子，用清水洗去红色种瓤，把种子摊开阴干，贮存于通风干爽处。

种植问答 *Q&A*

Q 苦瓜施肥要注意什么问题？

A 苦瓜生长过程中对肥料的需要量很大，除了要有足够的底肥外，追肥最好均匀施入土壤中；如果随水冲施，会降低肥料的利用率。同时，不能过量施氮肥，氮肥过多容易造成苦瓜徒长，影响产量和品质，加重病虫害，还可能出现畸形瓜。

南瓜

南瓜又名金瓜、倭瓜，嫩果味甘适口，是夏秋季节的常见瓜菜之一，一般炒食。老瓜可作杂粮食用，或做成南瓜口味的甜点，瓜子可以干炒后作零食。南瓜含有淀粉、蛋白质、胡萝卜素、维生素 B、维生素 C 和钙、磷等成分，能润肺益气，治疗肺痈便秘，并有利尿、美容等作用。

栽种行事历

繁殖方式	种植时间	收获时间	管理要点	采收方式
点播	2~3月	播种后90天陆续采收	搭架、摘心、授粉	老嫩均可采收，带果柄摘下

栽培要点

温度：喜温，种子在13℃以上开始发芽，生长适温为18~32℃，果实发育适温为25~30℃。但夏季高温生长易受阻，结果停歇。

土壤：对土壤要求不严格，以排水良好、疏松肥沃的沙壤土为佳。

水分：南瓜根系发达，有一定的耐旱能力，不耐涝，浇水注意见干见湿。

肥料：喜肥，尤其喜厩肥和堆肥等有机肥料。

日照：对于光照强度要求比较严格，在充足光照下生长健壮，但在高温季节要适当遮阴。

种植步骤

1 播种

采用点播，直播穴距为50~80厘米，育苗播种穴距为5厘米，每穴播种1~2粒，深度为2~3厘米。播后用土将穴覆盖并浇水。

2 出苗

播种后可将育苗钵套上塑料袋或移到室内保温，一般1周即出苗。

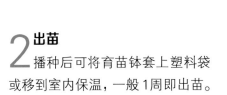

3 定植

3~4片真叶时，选择晴天上午定植，一个直径50厘米以上的大型容器种植1~2棵。定植后浇透水，之后每3~5天浇1次水。

4 打顶

在5~6片真叶时打顶，选留2~3条健壮且粗细均匀的子蔓。

5 搭架

藤蔓高30厘米时设立3~4根支架，支架至少插入土中10厘米深以上。

6 授粉

南瓜开花期遇高温或多雨，易发生授粉不良，应当进行人工辅助授粉。对于多余的雄花，未开时就直接摘除。

7 结果

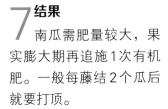

南瓜需肥量较大，果实膨大期再追施1次有机肥。一般每藤结2个瓜后就要打顶。

8 采收

以收老瓜为主的，花谢40天后可采收。也可根据需要适当提前或推迟采收。

专家叮嘱 Tips

除了果实外，南瓜的嫩茎节、嫩叶片和嫩叶柄，以及嫩花茎、花苞均可食用，但采收次数不宜太多，否则会影响南瓜的生长。南瓜完全成熟后表皮变硬，可挖出种子，洗净晾干保存。

种植问答 Q&A

Q 南瓜有哪些种类？家庭种植选哪种比较好？

A 南瓜在园艺学上被归类为蔬菜作物，品种繁多，外观变化多样、色彩丰富，是所有瓜果类蔬菜中外貌最为多样者。南瓜品种类型，从皮色上看有墨绿、黄红、橙红及绿皮上散生黄红斑点等不同颜色；从大小上看，既有微型南瓜，也有巨型南瓜，形状有橘形、纺锤形、枕形、牛腿形等。家庭种植，以选择中小型、早熟品种的南瓜为宜，如蜜本南瓜、小磨盘南瓜、京红栗等。

瓠子

瓠子又名瓠瓜，原产于非洲，是葫芦的变种。瓠子含有一种干扰素的诱生剂，能提高机体的免疫能力，发挥抗病毒作用。常食瓠子，具有利水消肿、止渴除烦、通淋散结的功效。瓠子尤其适宜在炎热的夏天食用。但须注意，苦的瓠子不可食用，会引起食物中毒。

栽种行事历

繁殖方式	种植时间	收获时间	管理要点	采收方式
点播	3~4 月	播种后 90 天陆续采收	搭架、授粉、摘心	老嫩均可采收

栽培要点

温度：喜温，不耐寒，30~35℃时发芽最快，生长适温为 20~25℃。

土壤：以富含腐殖质、保水保肥能力强的壤土或沙壤土为宜。黏重土壤或低洼地易染病。

水分：不耐旱也不耐涝，生长前期喜湿润环境，开花结果期土壤和空气湿度不宜过高。

施肥：不耐贫瘠，应注意多施肥。生长期间要求供给一定量的氮肥，结瓜期喜充足的磷、钾肥。

光照：对光照要求较高，在光照充足的条件下，产量高，病害少。

种植步骤

1 播种

采用点播法直接播种，每穴播种2粒，深度为2~3厘米，芽眼朝下放好，播后用土将穴覆盖并浇水。

2 出苗

播种后适当浇水，但不能过涝，一般 1 周即出苗。

3 定植

苗期即可定植，定植行株距为50厘米×30厘米。一般一个大型容器只种植 1~2 棵。

4 追肥

苗高20厘米左右时，结合灌水施 1 次有机肥。

5 搭架

主蔓长到30厘米左右时，可以为瓠子搭一个简易的棚架，让其攀缘在架上生长，节省地面空间。

6 摘心

主蔓长到40厘米左右时摘心，以促进侧枝生长。

7 授粉

花开后可以实施人工授粉，保证坐果。

8 采收

一般花谢后15天，瓠子表皮变硬、颜色变浅时即可采收。

专家叮嘱 *Tips*

尽早采收头茬果实有利于后面果实的生长,每采收1次需追肥1次。有些瓠子由于遗传原因会有苦味,这种瓠子不能食用,会引起食物中毒。

种植问答 *Q&A*

Q 瓠子、葫芦和西葫芦有什么区别?

A 从科属来说它们都是葫芦科,俗称的葫芦也分好多种,比如亚腰葫芦、瓢葫芦、蝈蝈葫芦、鹤首、长颈等,这些葫芦一般是供玩赏用的,少数品种的嫩果也可以食用,口感和瓠子差不多。瓠子是蔬菜,爬蔓生长,一般是直筒形的。西葫芦性状更接近我们统称的瓜类,一般不爬蔓,或者蔓很短,果实直筒形,也有飞碟形和圆形等。

西葫芦

2 播种

选择晴朗、
种，在育苗碗口
间隔 3~5厘米
2厘米厚并浇透

3 出苗

播种后保持较
高的温度和湿度，
有需要可以覆盖薄
膜，3~4天出苗。

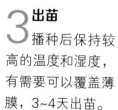

4 定植

幼苗长出 4片
叶时就可以定植
40厘米以上，盆栽
盆只栽1棵。

西葫芦又名茭瓜、白瓜、笋瓜，原产于北美洲
南部，如今在我国广泛栽培。西葫芦含有较多维生
素C、葡萄糖等营养物质，尤其是钙的含量极高；含
有一种干扰素的诱生剂，可刺激机体产生干扰素，
提高免疫力；富含水分，有润泽肌肤的作用，尤其
适合爱美的女士食用。

栽种行事历

繁殖方式	种植时间	收获时间	管理要
点播	3~4月或8~9月	播种后75天陆续采收	授粉、招

栽培要点

温度：喜温，种子在13℃以上开始发芽，发芽适温为2□的低温和40℃以上的高温，生长停止；32℃以上高温，花器□不耐霜冻，0℃即会致死。

土壤：对土壤要求不严格，在沙壤土和黏壤土中均能正□的沙壤土为佳。

水分：较喜水分，苗期应保持土壤湿润，开花期要降低□粉不良造成落花、落果。结果期果实生长旺盛，需水较多□口感好，品质佳。

施肥：对土壤养分需求量大，应多施有机肥作基肥，□3次。

日照：在光照充足条件下生长良好，茎秆粗壮，叶片肥□光照不足的条件下，常引起徒长，植株衰弱，影响坐瓜。

种植步骤

1 催芽
用50~55°□断搅拌15分钟种4小时，再放催芽，3~5天后即可播种。

5 追肥
苗高15厘米时，追肥1次。

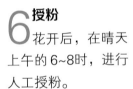

6 授粉
花开后，在晴天上午的6~8时，进行人工授粉。

7 结果
结瓜期随水追肥2~3次。

8 采收

西葫芦的瓜老嫩都可食用，可根据个人喜好，在花后15天左右陆续采收。

专家叮嘱 Tips

根据肥水和品种，西葫芦一般单株结瓜3~7个。早期结的瓜应及时采收，否则后续结瓜就很难长大。

种植问答 Q&A

Q 西葫芦可以自己留种吗？

A 可选择健壮、结果早的植株留种。瓜自然变老呈黄色时，取出种子晾干，干燥保存。

四季豆

四季豆又名豆角、清明豆，原产于南美洲，16世纪引入我国。四季豆富含蛋白质和多种氨基酸，叶酸、维生素 B_6 含量均高于同类食物的平均值。常食四季豆可健脾胃，增进食欲。四季豆烹煮时间宜长不宜短，要保证熟透，否则会引发中毒。

栽种行事历

繁殖方式	种植时间	收获时间	管理要点	采收方式
点播	2~4 月或 7~9 月	播种后 90 天陆续采收	搭架、摘心	陆续采收

栽培要点

温度：喜温，遇霜冻即枯萎。发芽最低温度为 8~10℃，25℃左右最为适宜。生长及开花结果适温为 18~25℃。

土壤：以肥沃、疏松、富含有机质、土层深厚、排水良好的土壤为佳。

水分：四季豆根系兴旺，侧根多，有相当强的抗旱能力，不耐涝，水分过多易患病。

施肥：除了充足的底肥外，还要随水追肥 2~3 次。开花结豆期间要增施磷肥。

日照：对光照要求较高，不耐荫蔽。

种植步骤

1 播种

在育苗碗里备上育苗土，将种子凹进去的"肚脐"朝下按在土里，间距 3~5 厘米，然后为摆放好的种子盖上 2 厘米厚的细土，并浇透水。

2 出苗

播种后保持土壤湿润但不积水，一般 3~5 天幼苗就破土而出了。出苗后每 2~3 天浇水 1 次，并让幼苗经常晒太阳。

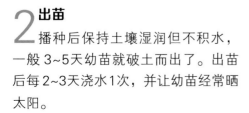

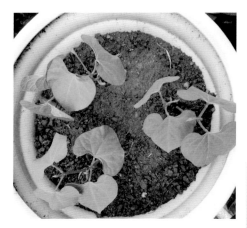

3 定植

苗5厘米高时，选择一个晴天定植。栽后浇透水。

4 搭架

苗长到30厘米高，需要搭"人"字架进行支撑。

5 开花

开花后要适当减少浇水量，并避免遭到暴雨的冲淋。每15天随水追肥1次。

6 摘心

及时摘掉底部的老叶、黄叶，并抹芽，以便让养分集中。植株高1.2~1.5米时摘心。

7 采收

花谢后约10天，豆荚长约10厘米即可采收，注意不要拽断茎蔓。采收期间，每周随水追施1次有机肥，能大大提高产量。

专家叮嘱 *Tips*

如果已经错过了最佳采收期，不妨让豆荚继续生长，让它变老，外壳变黄干皱时再采收。豆粒可以食用，也可以作为种子晾干保存。

种植问答 *Q&A*

Q 秋播四季豆要注意什么？

A 四季豆是喜温的蔬菜，秋播尽量选择生长期短的品种，同时可以早播，一般在立秋前后播种完毕，这样就可以保证在霜冻前采收。

豇豆

豇豆又名长豆、姜豆，起源于非洲。豇豆嫩豆荚肉质肥厚，富含易被消化吸收的优质蛋白质、碳水化合物及多种维生素、微量元素等，可补充身体的营养。李时珍称"此豆可菜、可果、可谷，备用最好，乃豆中之上品"。

栽种行事历

繁殖方式	种植时间	收获时间	管理要点	采收方式
点播	3~5 月	播种后 90 天陆续采收	搭架、摘心	陆续采收

栽培要点

温度：喜温暖，耐热性强，不耐低温。发芽适温为 25~30℃，生长适温为 20~30℃，开花结荚适温为 25~28℃。对低温敏感，5℃以下植株受害，0℃时死亡。

土壤：宜选择土层深厚、肥沃、排水好的壤土或沙壤土种植。

水分：能耐土壤干旱，但开花期前后要求有足够的水分，不耐涝。

施肥：对磷、钾肥需求量较大，增施磷、钾肥能促进开花结荚。

日照：喜光，又有一定的耐阴能力，开花结荚期要求良好的光照。

种植步骤

1 播种

气温稳定在15℃以上时，可以直接播种，不用育苗移栽。在土面挖浅穴，在穴里一次浇足水，然后撒上豇豆种子，每穴 3~4粒，再将土面整平。

2 出苗

约 1周后，豇豆苗就会破土而出。

3 间苗

2~4片真叶时间苗
1次，每穴只留1~2株。

4 追肥与搭架

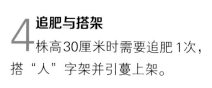
株高30厘米时需要追肥1次，
搭"人"字架并引蔓上架。

5 花期追肥

现蕾开花后则要加强肥水供
应，每7~10天施肥1次，一般追
肥2~3次。追肥以腐熟的粪肥
为佳。

6 整枝

主蔓高达 1.5 米以上时，摘心封顶，控制株高，萌生的侧枝留 3 叶摘心。腋芽和侧枝及时去除。

7 采收

豇豆开花 7~10 天后，豆荚饱满、种粒稍鼓起时采收最佳。

专家叮嘱 Tips

可选取具有本品种特征、无病、结荚位置适宜、结荚集中且多的植株作为留种株，留取双荚大小一致、籽粒排列整齐、靠近底部和中部的豆荚做种。当果荚表皮萎黄时即可采收。将豆荚挂于室内通风干燥处，至翌年播种前剥出豆子即可。其种子生存力一般为 1~2 年。

种植问答 Q&A

Q 豇豆直播要注意些什么？

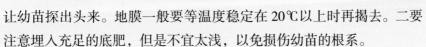

A 豇豆直播一要注意保温，温度必须稳定在 15℃以上。如果想早点播种，可以在播种后覆盖薄膜，以提高温度。待出苗后将地膜挖开一个小洞，让幼苗探出头来。地膜一般要等温度稳定在 20℃以上时再揭去。二要注意埋入充足的底肥，但是不宜太浅，以免损伤幼苗的根系。

扁豆

　　扁豆又名藕豆、蛾眉豆，起源于亚洲西南部和地中海东部地区，嫩豆荚和成熟豆粒均可食用。嫩豆荚的营养成分相当丰富，包括蛋白质、脂肪、糖类、钙、磷、铁及各种维生素等，此外，还有磷脂、蔗糖、葡萄糖。扁豆不能生食，一定要煮熟透才能食用。

栽种行事历

繁殖方式	种植时间	收获时间	管理要点	采收方式
点播	3~5 月	播种后 75 天陆续采收	间苗、摘心、追肥	老嫩均可采收

栽培要点

温度：喜温怕寒，遇霜冻即死亡。种子发芽适温在 22℃左右，生长适温为 20~30℃，开花结荚适温为 25~28℃，可耐 35℃高温。

土壤：对土壤适应性广，以排水良好、肥沃的沙壤土为佳。

水分：苗期需要充足的水分，成株抗旱能力强，土壤不干透可以不用浇水。

日照：较耐阴，对光照不敏感。

种植步骤

1 播种

在育苗容器里装上 2/3 的育苗土，每间隔 3 厘米挖一个小坑，放入 1 粒种子，然后盖上 2 厘米厚的细土并浇透水。

2 出苗

播种后每隔 2~3 天喷 1 次小水，7~10 天出苗。

3 **间苗**
长出 2 片真叶时间苗，间苗后追肥 1 次。

4 **定植**
4 片真叶以上即可定植，一般一个大盆只种植 1~2 棵。

5 **搭架**
蔓生种蔓长30厘米左右时开始搭架，搭棚架或"人"字架均可。

6 花后管理

开花后再追肥 1 次，浓度可适当提高，主蔓第一花序以下的侧芽应及早除去，使主蔓粗壮。

7 摘心

主蔓第一花序以上各节位上的侧枝，留1~3叶摘心。主蔓长至15~20节、高达 2米以上时摘心。

8 采收

当豆荚颜色由深转淡，籽粒未鼓起或稍有鼓起时采收。每采摘1次可以追施1次稀薄有机肥。

专家叮嘱 Tips

若籽粒已经完全鼓起，这时候再采摘豆荚就太老了，不妨让它们长到成熟后，剥取里面的豆粒食用。扁豆可以一直采收到霜降植株枯死为止。选茎蔓中部的健康荚果留种，待豆荚充分成熟时采收，剥壳晾干后放阴凉干燥处贮藏。

种植问答 Q&A

Q 我国常见的扁豆品种有哪些？

A 我国栽培的扁豆，从生长习性上分为有限生长习性（无架扁豆）和无限生长习性（爬藤扁豆）；从花色来分，主要有红花（紫花）与白花两类，荚果的颜色有绿白、浅绿、粉红与紫红等。目前栽培的主要品种有紫花小白扁、猪血扁、红筋扁、白花大白扁和大刀铡扁等。

毛豆

　　毛豆又叫菜用大豆，是大豆作物中专门鲜食嫩荚的蔬菜用大豆，因豆荚上有细毛即被形象地称为"毛豆"。毛豆中的不饱和脂肪酸、卵磷脂、食物纤维等有助于大脑和血管健康。毛豆还可以作为儿童补铁的食物之一。常食毛豆，具有养颜润肤、有效改善食欲缺乏与全身倦怠的功效。

栽种行事历

繁殖方式	种植时间	收获时间	管理要点	采收方式
点播	3~7月	播种后90天陆续采收	间苗、摘心、追肥	老嫩均可采收

栽培要点

温度：喜温暖，平均气温24~26℃时对生长发育最为适宜。其抗寒力弱，-3℃即枯死。

土壤：适宜在排水通畅、保水力强、富含有机质和钙质的壤土或沙壤土上种植。

水分：对水分要求较高，尤其是开花结荚期不能缺水。

肥料：钾肥对毛豆增长效果显著。在幼苗期可以不用施肥，但适当追肥可以增加产量。花果期要多施肥，施重肥。

日照：对光照要求不高，长期阴雨则豆荚发育迟缓。

种植步骤

1 播种

用优质新鲜的干黄豆作为种子，在太阳下晒2天，按行株距15厘米×10厘米开穴，穴深2~3厘米为宜，每穴播2~3粒，播后覆土浇水。

2 出苗

保持土壤湿润，但不能过涝，一般1周即出苗。

3 中耕与追肥

苗高30厘米左右时中耕培土，并追施一些草木灰。

4 摘心

开花后若植株枝叶徒长，则可适当摘心。

5 结果

果实生长旺盛期需要追施2~3次有机肥，并保证水分供应。

6 采收

一般花后两周，籽粒丰硕饱满、豆荚鲜绿色时采收。

专家叮嘱 Tips

毛豆可以等成熟后剥掉豆荚食用新鲜黄豆粒，也可以等到秋季一次性采收，将成熟黄豆晒干存放。

种植问答 Q&A

Q 毛豆的豆荚不饱满是什么原因？

A 后期营养不足、营养失调，长期干旱、水分严重不足，都可能造成毛豆的豆荚不饱满。毛豆开花后养分消耗多，需要追肥。追肥不能偏施氮肥，而应施磷、钾肥，同时保证生长期的水分供应。

土豆

土豆又名马铃薯、洋芋，最早种植于秘鲁，传入中国只有三百多年的历史。新鲜土豆可供烧煮作粮食或蔬菜。土豆的脂肪含量低，矿物质含量比一般谷类粮食作物高 1~2 倍，磷及维生素 C 含量尤其丰富。

栽种行事历

繁殖方式	种植时间	收获时间	管理要点	采收方式
种薯点播	11月至翌年1月	播种后5个月陆续采收	培土、追肥	花开后挖取地下块茎

栽培要点

温度：喜冷凉，10~12℃时发芽最快。0℃时，幼苗易受冷害，严重的会导致死亡。不耐高温，块茎膨大最适土温为16~18℃。

土壤：土层深厚、结构疏松、排水通气良好和富含有机质的土壤较适宜种植，特别是孔隙度大、通气良好的沙壤土最佳。

水分：喜湿润土壤，怕干、怕渍，生长过程中要供给充足的水分才能获得高产。

施肥：需要大量的肥料，钾肥最多，氮肥次之，磷肥最少。

日照：喜光，生长期要求有充足的阳光。结薯期温度升高，可适当遮阴。

种植步骤

1 切开种薯

选用表面光滑、大小一致的健康土豆，将每个土豆均匀切成几块，保证每块至少有1个芽眼或芽。

2 播种

将土豆块平放在约20厘米深的土壤上，芽眼朝上，然后覆盖5厘米厚的土。

3 出苗

播种后保持土壤湿润，15天后即出苗。

4 浇水

每周浇水1~2次，1个月后，土豆苗已经非常茂盛。

5 中耕培土

在苗高25厘米左右时，进行1次中耕培土。培土5~7厘米厚。

6 施肥

整个生长过程中，需要追施2~3次腐熟有机肥。

7 采收

5月下旬至7月，地下块茎可以陆续采收，其中以6月中旬采收的土豆品质最佳。

专家叮嘱 Tips

家庭种植可以随吃随挖，一直采挖到7月底土豆藤开始枯黄时一次性采收。此时的土豆较耐储存。

种植问答 Q&A

Q 土豆可以自留种薯吗？

A 可以。可选择表面光滑、大小适中、没有虫眼的土豆留作种用，放在阴凉干燥的地方保存，冬季温度不得低于0℃。已经发芽的土豆不能食用，也可以拿来种植。

萝卜

　　萝卜别名莱菔、芦菔。我国是萝卜的起源中心之一，有着悠久的栽培历史，南北方各地普遍栽培。萝卜除含有一般的营养成分外，还含有淀粉酶和芥子油，有帮助消化、增进食欲的功效。

栽种行事历

繁殖方式	种植时间	收获时间	管理要点	采收方式
点播	8~10月秋播为主，部分品种可春播	播种后60天陆续采收	培土、追肥	挖取地下块根

栽培要点

　　温度：萝卜属半耐寒性蔬菜，喜冷凉。2~3℃种子开始发芽，发芽适温为20~25℃。叶片生长适温为5~25℃，肉质根生长适温为13~18℃。

　　土壤：在土层深厚、富含有机质、保水和排水良好的沙壤土中生长良好。

　　水分：较喜湿润，不耐干旱又怕涝，要保持水分均匀供应。

　　施肥：应以缓效性有机肥为主，并注意氮、磷、钾配合施用。

　　日照：要求中等光照，高温、长日照易抽薹。

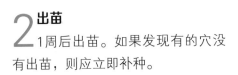

种植步骤

1 播种

选用新鲜健康的种子，用清水浸泡4小时。采取点播，行穴距3厘米×5厘米，每穴摆放2~3粒种子，再用1厘米厚细土将种子盖上并浇透水。

2 出苗

1周后出苗。如果发现有的穴没有出苗，则应立即补种。

3 间苗

2片真叶时间苗1次，每穴只留1株壮苗，间苗后追肥1次。

4 采收嫩叶

萝卜嫩叶可以作为绿叶菜食用，是较好的粗纤维健康食品。

5 培土、追肥与浇水

每3~5天浇水1次，土壤忽干忽湿容易造成多根、裂根，土壤干旱过久易发生糠心。

6 采收

肉质根充分膨大，叶色转淡渐变黄绿时，为采收适期。可根据长势，收大留小、收密留稀，但采收最迟不能迟于抽薹或气温降到0℃时。

专家叮嘱 Tips

拔出萝卜后，老叶可以做成腌菜或泡菜，风味独特。留种时选择健壮、具备本品种特征的植株作为留种株。当果实变黄，种子变为黄褐色时即可采收，后熟晒干后进行脱粒干燥保存。

种植问答 Q&A

Q 如何预防萝卜糠心和味苦?

A 萝卜肉质根易发生糠心，造成品质下降。预防方法是萝卜不能干旱过久；在抽薹前收获；当气温降至0℃时，应及时收获；存放时间不能过长。萝卜味苦主要是由于生长期间天气炎热，或施用氮肥过多、磷肥不足所致，所以应尽量避免在高温季节种植萝卜，并且要均衡施肥。

胡萝卜

胡萝卜又称红萝卜，原产于中亚细亚一带，早在元朝就传入我国。胡萝卜是一种营养价值较高的蔬菜，除含有多种维生素外，还含有丰富的钙、钾、铁等。

栽种行事历

繁殖方式	种植时间	收获时间	管理要点	采收方式
点播	3~4月、7~8月	播种后90天陆续采收	培土、追肥	挖取地下块根

栽培要点

温度：胡萝卜为半耐寒性蔬菜，耐寒性和耐热性都比萝卜稍强。4~5℃种子开始发芽，最适温为20~25℃。叶生长适温为20~25℃，肉质根肥大期适温为13~20℃，低于3℃停止生长。

土壤：在土层深厚、富含腐殖质、排水良好的沙壤土中生长最好。

水分：耐旱性较强，播种时保持土壤潮湿，幼苗期和叶生长盛期见干见湿，肉质根膨大期是需水量最多的时期，要做到均匀浇水。采收前10天停止浇水。

施肥：对肥料的需求是钾最多，氮次之，磷最少。氮肥施用过多叶片徒长，肉质根细小，产量低。充足的钾肥可促进其根部发育，增产明显。

日照：喜光，喜长日照，特别是营养生长期需要中等强度以上的光照。

种植步骤

1 播种

按10厘米行距开深、宽均为2厘米的沟，将种子拌沙均匀地撒在沟内。播后覆土1~1.5厘米厚，然后浇水。可覆盖稻草保湿保温。

2 出苗

保持土壤湿润，7~10天后出苗。

3 间苗

在2~3片真叶时间苗，留苗株距3厘米。3~4片真叶时再间苗1次，留苗株距6厘米。每次间苗时都要结合中耕松土。

4 定苗

在4~5片真叶时定苗，小型品种株距12厘米，大型品种株距15~18厘米。定苗后追肥1次。

5 浇水与施肥

肉质根开始膨大时，应保持土面湿润。同时结合浇水追肥2次，并注意培土。

6 采收

肉质根充分膨大、叶色转淡渐变黄绿时为采收适期，可根据长势，收大留小、收密留稀。

专家叮嘱 *Tips*

　　胡萝卜是伞形科的植物，它的花很美，像一把大伞。可选择健壮、具有品种特性的植株留种。当花盘变成黄褐色、外缘向内翻卷、花下茎开始变黄时，即可采收种子。

种植问答 *Q&A*

　　Q 胡萝卜根部开裂分叉是什么原因？

　　A 除了种子质量的先天原因外，土壤沙砾过多、施肥过量或施肥不均匀、过度干旱等均可造成胡萝卜根部开裂分叉。所以要选择肉质根顺直、耐分叉的优质高产品种，如日本新黑田五寸人参、红誉五寸等。购种时要选择新鲜饱满、发育完全的种子。种植地块要深耕细耙，不浅于 25~30 厘米。浇水时做到浇透，有机肥要充分腐熟后均匀撒施。

10 种
特色健康蔬菜和芽苗菜

秋葵

秋葵又名羊角豆，原产于非洲，以嫩果供食用。秋葵是一种低脂肪、低热量、无胆固醇的蔬菜，具有较高营养价值，经常食用可保护肠胃和肝脏，增强身体耐力，强肾补虚。常见的秋葵有黄秋葵（黄花绿果）和红秋葵（红花红果）。

栽种行事历

繁殖方式	种植时间	收获时间	管理要点	采收方式
点播	4~6 月	播种后 90 天陆续采收	立支柱、摘心、抹芽、授粉、疏果	果实 5 厘米以上带果柄摘下

栽培要点

温度：喜温暖、怕严寒，耐热力强。当气温高于 15℃时，种子即可发芽。生长适温为 25~30℃。

土壤：在土层深厚、疏松肥沃、排水良好的壤土或沙壤土中生长良好。

水分：需水量不大，有较强的耐旱能力，不适宜生长在积水环境中。苗期水分过多易烂根，开花坐果期要经常浇水，保持土壤湿润。

施肥：在生长前期以氮肥为主，中后期需磷、钾肥较多。

日照：喜光，对光照的变化非常敏感，在生长过程中要保证有充足的光照。光照充足可促进生长，提高开花结荚率。

种植步骤

1 催芽

早春播种前用 20~25℃温水浸种 12 小时，然后沥干；将种子包在湿润的纱布中，于 25~30℃条件下催芽 48 小时，待一半种子露白时即可播种。

2 播种

先浇足底水，每穴播种 2~3 粒，覆土 2~3 厘米厚。

3 出苗
约7天出苗，第一片真叶展开时进行第一次间苗，去掉病残弱苗，并供应充足水分。

4 定植
当有4~6片真叶时定植，每个盆中种植1棵。

5 除草与培土
应经常中耕除草，并进行培土，防止植株倒伏。

6 开花
开花坐果期要经常浇水，并追肥1次。

7 采收

当果实长到长度5厘米以上时，即可采摘。秋葵果实很容易变老变硬，变老后口感较差，因此要及早采摘，宁嫩勿老。

专家叮嘱 *Tips*

留种的果实成熟后，会呈现出黄白花纹，棱角交接处开裂，这时就可以采收留种了。

种植问答 *Q&A*

Q 秋葵的品种如何选择？

A 在阳台等地用花盆种植应选用株型较矮的品种，比如株高约1米的五角（秋葵品种）。秋葵其他的品种，比如五福、卡里巴等植株较高，达到1.5~2.5米，适合在天台或庭院中种植。无论选择什么品种，都要保证充足的光照。

紫苏

紫苏为唇形花科一年生草本植物，原产于中国，种植应用约有近 2000 年的历史。其富含胡萝卜素、维生素 C 及维生素 B_2，有助于维持人体免疫功能，增强抗病防病能力。紫苏全株均可入药。

栽种行事历

繁殖方式	种植时间	收获时间	管理要点	采收方式
撒播	3~4 月	播种后 60 天陆续采收	间苗、追肥	间拔采收或一次性采收

栽培要点

温度：喜温暖，种子在地温 5℃ 以上时即可萌发，发芽适温 18~23℃，生长和开花适温为 22~28℃。

土壤：对土壤的适应性较广，适合在排水良好、疏松肥沃的沙壤土或壤土中生长。

水分：较耐湿，耐涝较强，不耐干旱，如空气过于干燥，则茎叶粗硬、纤维多、品质差。

施肥：对肥料需求较多，应多施基肥，并在生长期进行多次追肥。

日照：对光照要求不严，在较阴的地方也能生长。

种植步骤

1 播种

播种前苗床浇足底水，将种子均匀撒播于床面，盖一层见不到种子颗粒的薄土，再均匀撒些稻草覆盖。

2 出苗

保温保湿，7~10 天即可出苗。

3 间苗与追肥

出苗后注意及时揭除覆盖物，并及时间苗，一般间苗3次，苗距约5厘米。最后一次间苗后需追肥1次。

4 定苗

4~6片真叶时定苗，每株间距3~5厘米，多余的苗可以采摘食用。

5 追肥与摘心

在整个生长期，要求土壤保持湿润，有利于植株快速生长。每10~15天追肥1次，株高15厘米时摘心。

6 采收

菜用紫苏可随时采摘叶片或嫩梢，采摘可一直持续到开花结果。

专家叮嘱 Tips

作为药用的紫苏，于秋季种子成熟时割下果穗，留下的叶和梗另放阴凉处阴干后贮藏。种子晾晒 7~10 天，脱粒后放在阴凉干燥处保存。

种植问答 Q&A

Q 紫苏的品种有哪些?

A 紫苏叶片有紫色和绿色两种，绿色紫苏又名绿苏。按叶形可分为两个变种，即皱叶紫苏和尖叶紫苏。皱叶紫苏又名鸡冠紫苏、红紫苏，叶片紫色，大而多皱，叶柄紫色，茎秆外皮紫色，分枝较多。尖叶紫苏又名野生紫苏、白紫苏，叶面平而多茸毛，叶柄、茎秆绿色，分枝较少。

· 皱叶紫苏

栌兰

栌兰又名土人参，原产于热带美洲，可供观赏。因其根外形与功能近似人参，故被誉为"南方人参"。栌兰含有丰富的蛋白质、脂肪、钙、维生素等营养物质，具有通乳汁、消肿痛、补中益气、润肺生津等功效。

栽种行事历

繁殖方式	种植时间	收获时间	管理要点	采收方式
撒播	2~5 月	播种后 30 天陆续采收	间苗、追肥	间拔采收或一次性采收

栽培要点

温度：喜温暖，不耐寒。种子在 15℃以上可发芽，20~30℃生长良好，冬季霜打后枯死。

土壤：对土质要求不高，以疏松、肥沃的沙壤土为佳。

水分：平时保持土壤湿润，但积水容易烂根，因此宁干勿涝。

施肥：较喜肥，需经常追施浓度在 20%~30% 的淡肥水。

日照：较耐阴，但在日照充足的条件下能生长得更好。

种植步骤

1 播种
浇透底水，将种子均匀撒在土里，然后盖一层细干土或细沙。

2 出苗
保持床土湿润，一般7~10天即可出苗。

3 间苗

出苗后，要防止强光照射或大雨冲淋，若苗太密集需间苗1次。

4 间拔采收

当苗株长至10厘米时可以间拔采收。

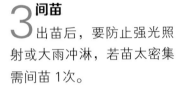

5 定植

4~6片真叶时定植在较大的容器中，间距7~10厘米。

6 追肥

定植成活后，植株会不断长出分枝，此时追肥1次。

7 采收

采收时用手掐取嫩梢，采收后会继续萌发侧枝。开花结果期间，仍可采摘叶片。

专家叮嘱 *Tips*

　　栌兰 5 月份开始开花，边开花边结果，花期可延续到 10 月份。果期为 6~11 月。种子成熟后要分批采收，用小剪刀把果穗剪下，晒干后脱粒干燥保存。

种植问答 *Q&A*

Q 药用栌兰和菜用栌兰种植方法有什么不同？

A 栌兰是药食两用蔬菜，作蔬菜用栽培，可增施肥水，促进芽叶萌发，提高产量；作药用栽培，宜少施肥水，以增强药效和质量。待秋末冬初，将根挖出，可直接炖汤食用。或除去茎秆及细须根，用清水洗净，刮去表皮，蒸熟晒干可作药用。

荆芥

　　荆芥又名假苏、姜芥，是一种具有特殊芳香的调味类蔬菜，与罗勒、紫苏同属于唇型花科。荆芥香气浓郁、味道鲜美，不但是上佳的调味品，而且可解表散风，具有发汗、解热、祛痰、祛风、凉血之功效，常用于治疗流行感冒、头疼寒热、呕吐等。

栽种行事历

繁殖方式	种植时间	收获时间	管理要点	采收方式
撒播	3~4 月或 8~9 月	播种后 60 天陆续采收	间苗、追肥	间拔采收或一次性采收

栽培要点

温度：喜温暖，不耐寒。种子发芽适温为 15~20℃，生长适温为 15~30℃，冬季霜后枯死。

土壤：以土层深厚、潮湿、富含有机质的沙壤土种植为佳。

水分：幼苗要求土壤湿润，怕干旱和缺水。但高温多雨季节怕积水，短期积水会造成死亡。

施肥：应多施基肥，需氮肥较多，花果期适当追施磷、钾肥。

日照：喜光，不耐阴，光照充足则香味浓郁，品质佳。

种植步骤

1 播种

将种子用温水浸 4~8 小时后与 3 倍细沙拌匀，播种时将混合细沙的种子均匀撒于土面，覆薄土，稍加压实后浇透水。

2 出苗

保持土壤湿润，约 1 周后出苗。

3 间苗

苗高5厘米时，按株距 3~5厘米间苗，间下的嫩苗可以食用。

4 间拔采收与追肥

苗高10厘米左右时，即可按株距7厘米间拔采收，并追肥1次。

5 浇水与施肥

进入旺盛生长期，要保证充足的水分，每周追肥1次。

6 采收

根据需要随时采摘嫩叶嫩梢，每次采收后
追肥，秋季初霜前一次性采收完毕。

专家叮嘱 Tips

荆芥可自留种子，一次性采收前，选
择株壮、枝繁、穗多而密、无病虫害的单
株做种株。当种子充分成熟、籽粒饱满、
呈深褐色或棕褐色时采收，然后晾干脱粒，
去除杂质，放在干燥阴凉处保存。

种植问答 Q&A

Q 药用荆芥如何采收？

A 第一次采收在 7 月（中伏），为伏荆芥，其植株坚挺而直，
花穗粗长，香气浓，品质最佳。第二次采收在 9~10 月，为秋荆芥，
其茎短细柔弱，花穗瘦小，质量稍逊。采收时，将荆芥连根拔起，
去净泥沙，每天清晨置阳光下摊晒，夜间收起。

富贵菜

富贵菜又名神仙菜、百子菜，原产于南非。富贵菜是一种神奇的保健蔬菜，其茎叶中含有大量的铁、钾、维生素 C、藻胶素、甘露醇、维生素 B 及多种氨基酸等营养物质，因而具有很强的降血压、降血脂、降血糖的奇特功效，但孕妇不宜食用。

栽种行事历

繁殖方式	种植时间	收获时间	管理要点	采收方式
从老桩开始	3~5 月或 9~10 月	种植后 30 天陆续采收	追肥、浇水、遮阴	多次采收嫩梢

栽培要点

温度：喜温暖，怕霜冻。生长适温为 20~25℃，遇 −2℃ 时，地上部被冻枯死。夏天应选择阴凉处种植或加盖遮阳网降温，冬天选择避风温暖处种植。

土壤：在排水良好、富含有机质、保水保肥能力强的微酸性土壤中生长最好。

水分：干旱时早晚各浇水 1 次，雨季注意防涝。

施肥：较喜肥，除基肥外，生长期和采收期一般每半个月追肥 1 次。

日照：在日照充足的条件下生长健壮。夏季注意适当遮阴。

种植步骤

1 种植

富贵菜是多年生植物，顺利越冬后，春季即可重新焕发生机。可从健壮的母株上取带根老桩，按照 5 厘米的间距种植。

2 追肥

苗长出 4~6 片新叶时追肥 1 次。

3 晒太阳与防涝

经常晒太阳，种植后30天可长至10厘米高。雨季注意排水，根部不能积水。

4 采收与追肥

富贵菜定植后30天即可采收，摘取长约10厘米、具5~6片嫩叶的嫩梢。采收1次追肥1次。

5 持续采收

连续采收的植株一般不开花，可持续采收到深秋。

专家叮嘱 *Tips*

富贵菜一般很少结籽，但其茎部具有很强的不定根形成能力，扦插容易成活。每 3~5 年植株老化后，生长速度下降，这时就需要重新扦插，培养新的植株。

种植问答 *Q&A*

Q 富贵菜如何实现周年种植？

A 富贵菜以春秋季种植为最佳。夏季种植应选择阴凉处做苗床，或加盖遮阳网降温；冬季种植则选择避风温暖处，或者搭塑料薄膜小拱棚保温。

玉米

　　玉米学名玉蜀黍，俗称棒子、苞谷，原产于拉丁美洲的墨西哥和秘鲁沿安第斯山麓一带。玉米素有长寿食品的美称，含有丰富的蛋白质、脂肪、维生素、微量元素、纤维素及多糖等。其营养价值超过面粉、大米，经常食用能预防动脉硬化、心脑血管疾病、高胆固醇血症、高血压等。

栽种行事历

繁殖方式	种植时间	收获时间	管理要点	采收方式
点播	4~6 月	播种后 75 天陆续采收	间苗、追肥	老嫩均可采收

栽培要点

温度：喜温，不耐寒，忌炎热。种子在 10℃能正常发芽，以 24℃发芽最快。拔节适温为 18~25℃，开花期适温为 25~28℃。

土壤：以土层深厚、结构良好、营养丰富、疏松通气的壤土种植最佳。

水分：需水量较大，除出苗期外，都需要保持水分充足。

施肥：喜肥，底肥要施足，苗期可不用追肥，穗期需要追施大量肥料，粒期施少量肥料。

日照：喜光照充足，因此在其生长的各个阶段都要保证充足的光照。

种植步骤

1 播种
在育苗容器里播种，采取点播的方式，间距 3 厘米，每穴播 1~2 粒种子，覆土约 2 厘米厚，浇透水。

2 出苗
8~12 天出苗，出苗后注意浇水。

3 间苗

3~4片真叶时间苗，每穴留1株健壮苗。

4 定植

5~6片真叶时定植，盆栽 1盆可种植苗 1~2株（视盆大小而定）。

5 追肥与立支柱

株高30厘米时追施拔节肥，并设立支柱。

6 开花

顶端开花后进行第二次追肥并适时浇水。

7 抽穗

抽穗后要追施1次重肥并保证水分供应。

8 采收

在果穗发黄、籽粒饱满时采收，用手掰取，不要伤及枝干。

专家叮嘱 Tips

做水果食用的玉米可在果穗包叶微微发黄、籽粒还未变硬时采收，菜用玉米可适当晚收。留种玉米要等到籽粒完全成熟，包叶枯黄时采收。采收后将玉米晒干，悬挂在阴凉干燥处保存，播种前再进行脱粒。

种植问答 Q&A

Q 玉米从播种到收获，时间相对较长，但是都市种菜族土地有限，怎么才能合理利用呢？

A 可以在玉米地里套种其他蔬菜，一地两用，各取所需。在玉米定植后尚未长得很高时，套种速生绿叶菜，如小白菜、生菜、蒜苗、苋菜等。等到玉米结果了，这些蔬菜也已收获1~2茬。

薯叶

　　薯叶是甘薯的叶子及嫩梢，是近年兴起的一种叶类蔬菜，被亚洲蔬菜研究中心列为高营养蔬菜品种，是"蔬菜皇后"。薯叶有提高免疫力、止血、降糖、解毒等保健功能。经常食用薯叶有预防便秘、保护视力的作用，还能保持皮肤细腻、延缓衰老。

栽种行事历

繁殖方式	种植时间	收获时间	管理要点	采收方式
种薯点播	4~5 月	播种后 60 天陆续采收	扦插、翻蔓	掐取嫩梢

栽培要点

温度：喜温暖，怕低温，忌霜冻。茎叶生长的气温要求在 18℃以上，在 30℃范围内随温度的升高而生长加快，气温超过 35℃茎叶生长受阻。

土壤：对土壤的适应性很强，以土层疏松、保水保肥、通气性良好的沙壤土或壤土种植为佳。

水分：喜水，较耐旱。保持充足水分能使茎叶柔嫩，口感更佳。

施肥：以氮肥为主，最好施用肥力均衡的有机肥，若偏施氮肥过多，薯叶易带苦味。

日照：需充足的光照。光照不足叶色发黄，严重不足时叶片脱落。

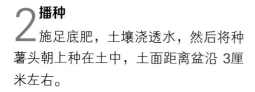

种植步骤

1 选种

选适合当地种植的优良种薯2~3个，要求大小均匀、外皮光滑、无冻害和病虫害。

2 播种

施足底肥，土壤浇透水，然后将种薯头朝上种在土中，土面距离盆沿 3厘米左右。

3 出苗

播种后10天左右出苗。20天后，薯叶已经长成很大一丛，可3~5天浇水1次。

4 扦插

截取薯藤上部10厘米的段作为插穗。将薯藤段按照5~7厘米的间距扦插在土中。只在顶部留2片叶，下部掐掉。有条件的地方，可省略前面3个步骤，直接在市场上买食用的薯藤扦插。

5 管理

扦插后浇透水，保持土壤湿润但不积水。一般10~15天后扦插成活。

6 追肥

薯叶进入旺盛生长期后，每采收1次需要追施1次腐熟的有机肥，3~5天浇1次透水。

7 采收

适当合理地采摘能促进薯叶的快速生长，一般以7~10天采收1次为好。每周可兑水施点薄肥。薯叶可以多次采收，一直持续到霜降。

专家叮嘱 Tips

施氮肥太多会让薯叶发苦，影响口感，因此如果底肥充足，也可以不追肥或少追肥。

种植问答 Q&A

Q 所有品种的甘薯叶都可以食用吗？

A 甘薯有叶用和薯用之分，叶用甘薯一般根茎都长不大，而薯用甘薯的叶子较为粗糙，口感不好。所以想要吃到细嫩好吃的甘薯叶，品种选择尤为重要，应当选择分枝力强、生长迅速、叶片及叶柄质嫩无毛、茎细、叶片肥大的品种。

绿豆芽

绿豆芽为豆科植物绿豆的种子经浸泡后发出的嫩芽。绿豆在发芽过程中，会产生大量维生素 C 和氨基酸，营养价值比绿豆更高。绿豆芽还有很高的药用价值，中医认为，绿豆芽性凉味甘，不仅能清暑热、通经脉、解诸毒，还能补肾、利尿、消肿、降血脂。

栽种行事历

繁殖方式	种植时间	收获时间	管理要点	采收方式
水培	3~5 月或 8~10 月	播种后 7~10 天	淋水、遮光	一次性采收

栽培要点

温度：喜温、耐热，其豆种发芽时的最低温度为 10℃，最适宜温度为 21~27℃，最高温度为 28~30℃，不宜超过 32℃。

水分：对水分要求较严格，需水量较大，生长期间每天淋水 3 次，使芽体湿润但不积水。缺水芽茎瘦长不粗壮，生长缓慢，积水则容易霉烂死亡。

光照：绝对避光，这里说的避光不是说避开太阳照射就行了，而是要让种子处在完全黑暗的环境下。可用不透光的黑布包裹种子，或将种植容器放在黑暗处，均可有效避光。

种植步骤

1 浸泡
剔除坏的和有虫眼的豆子，把选好的豆子用清水浸泡 6~12 小时。

2 催芽
将绿豆捞出用清水冲洗干净，然后用湿润的纱布包起来，放在 22~25℃的温度下催芽，每天喷水 2~3 次，直到露白。

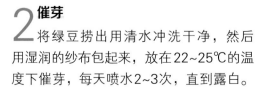

3 管理

高度为5~10厘米的容器底部铺上湿润的纱布，将绿豆均匀地铺在纱布上，每日早、中、晚用清水冲淋3次，并倒掉多余的水分。

4 采收

7天后，当绿豆芽长出容器外、豆瓣裂开并长出叶子时采收。

专家叮嘱 Tips

绿豆芽不能见光，否则顶部容易发红，影响品质。每日淋水时可用一层深色软布覆盖，以减少见光。

种植问答 Q&A

Q 黄豆芽和绿豆芽的种植方法一样吗？

A 黄豆芽的种植方法和绿豆芽基本相同，但黄豆芽对避光的要求更高，因为见光后的黄豆芽会变得又老又硬，口感不佳。

花生芽

花生芽是花生的嫩芽，营养特别丰富，富含维生素、钾、钙、铁、锌等物质及人体所需的各种氨基酸和微量元素，被誉为"万寿果芽"。其食用方法有很多，可凉拌、煎炒，味道清甜脆爽。

栽种行事历

繁殖方式	种植时间	收获时间	管理要点	采收方式
水培	3~5月或8~10月	播种后8~10天	淋水、遮光	一次性采收

栽培要点

温度：在10℃以下不能发芽，最适发芽温度为25~30℃。

水分：对水分要求较严格，需水量较大，生长期间应每天淋水3次，使芽体湿润但不积水。缺水芽茎瘦长不粗壮，生长缓慢，积水则容易霉烂死亡。

光照：生长期间应始终保持黑暗，可盖上黑色薄膜遮光。

种植步骤

1 浸泡

选当年产花生，剥壳，留下粒大、籽粒饱满、色泽新鲜、表皮光滑、形状一致的种子，用清水浸泡12~24小时。

2 催芽

将花生捞出用清水冲洗干净，然后用湿润的纱布包起来，放在25~30℃的温度下催芽，每天喷水2~3次，直到露白。

3 管理

剔除不发芽的花生粒，在高度为5~10厘米的容器底部铺上湿润的纱布，将发芽花生单层摆放在纱布上，每日早、中、晚用清水冲淋3次，并倒掉多余的水分。

4 采收

一般8~10天可收一茬花生苗。当花生苗长到5~8厘米、粗壮白嫩时即可采收。

专家叮嘱 Tips

花生芽在发芽过程中，通过压上木板或其他物体施加一定压力，可使芽体长得肥壮。

种植问答 Q&A

Q 如何避免花生芽霉烂？

A 花生芽的生长过程比豆芽要慢，而且对通风的要求也更高。在发芽期间一定要避免积水，同时要每天拣出烂籽残芽，以免污染其他健康芽体。

豌豆苗

豌豆苗是豌豆的嫩茎叶，又被称为"豌豆尖""龙须菜"。豌豆苗营养丰富，含有多种人体必需氨基酸，有利尿、止泻、消肿、止痛和助消化等功效。其口感清香滑嫩，味道鲜美独特，是用来热炒、做汤、涮锅的上乘蔬菜。

栽种行事历

繁殖方式	种植时间	收获时间	管理要点	采收方式
水培	3~5 月或 8~10 月	播种后 8~10 天	淋水	一次性采收

栽培要点

温度：最适发芽温度为 15~25℃。

水分：对水分要求较严格，需水量较大，生长期间每天淋水 3 次，使芽体湿润但不积水。

光照：对遮光要求不严格，种植前期遮光可促进发芽，种植后期可适当减少遮盖物，逐步增加光照，这样会增加维生素 C 的含量。

种植步骤

1 浸泡
选粒大、籽粒饱满、色泽新鲜、形状一致的种子，用清水浸泡 24 小时。

2 催芽
将豌豆捞出用清水冲洗干净，然后用湿润的纱布包起来，放在 20℃ 的温度下催芽，每天喷水 2~3 次，直到露白。

3 管理

剔除不发芽的豌豆粒，在高度为 5~10 厘米的容器底部铺上湿润的纱布，将发芽豌豆单层摆放在纱布上，每日早、中、晚用清水冲淋 3 次，并倒掉多余的水分。

4 采收

一般 8~10 天豌豆苗长至 10 厘米左右时，即可用剪刀齐根部剪下采收。采收前 1~2 天揭开遮盖物，让其接受阳光照射，叶子渐渐转绿。

专家叮嘱 Tips

豌豆苗以长 10 厘米左右时采收最为鲜嫩，如果错过了这个适时采收期，不妨让其见光再生长一段时间，采收上部的绿色嫩茎叶食用。

种植问答 Q&A

Q 豌豆苗可以土培吗？

A 可以。土培的豌豆苗能够从土壤中汲取营养，长得更为粗壮，而且可以多次掐取嫩梢食用。种植过程中要保证水分供应，这样豌豆苗才鲜嫩。